花貓蛋糕實驗室

創意造型餅乾盒

不藏私！最美味餅乾食譜全公開

50款精選餅乾╳7盒視覺絕美餅乾組合

作者／林勉妏．黃靖婷

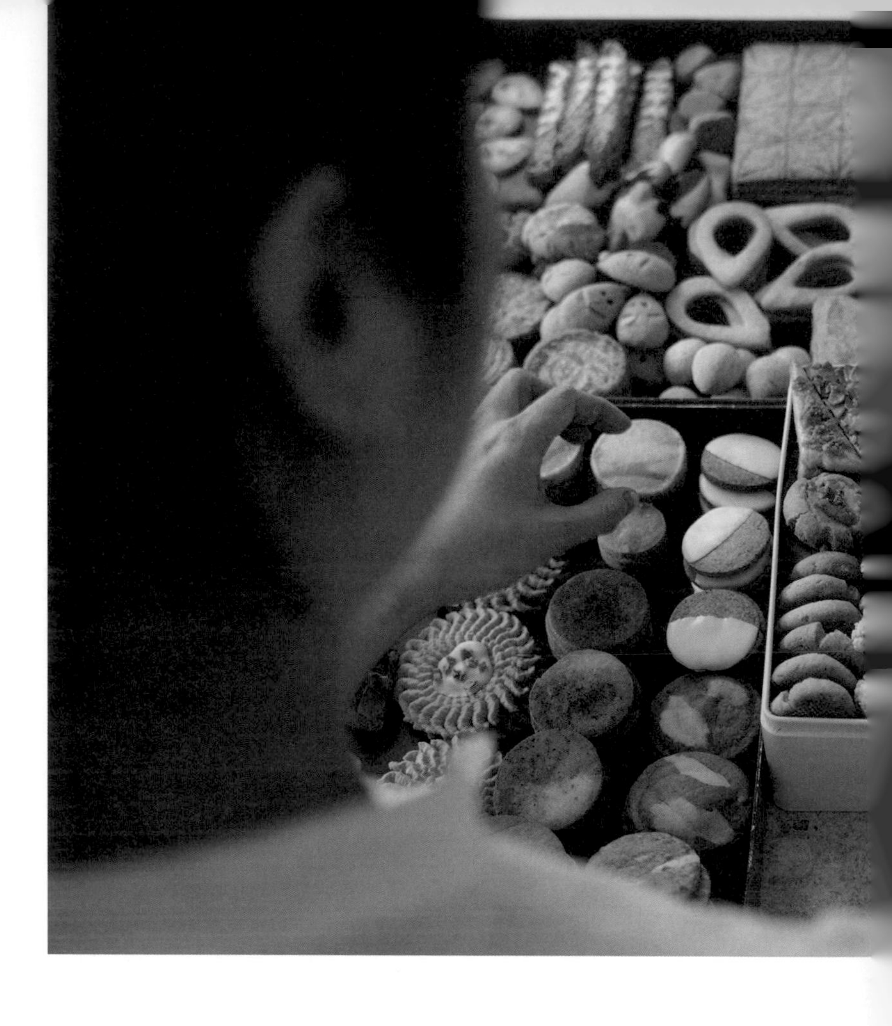

Hananeco 花貓蛋糕實驗室 / 林勉妏 Vicky

人生第一次接觸烘焙大約是在小學，那時候懵懂的我，看到各式甜點食譜，總是欣喜收藏，來源不乏電視、雜誌，甚至是少女漫畫附錄。幻想著擁有這些食譜，一定也能跟著輕鬆做出美味點心。想當然，現實總是殘酷，當年沒有任何烘焙知識經驗的我，換來的是一盤盤焦黑與不成形的食物。但這過程意外開啓我對於烘焙的熱愛，以及閱覽收藏食譜的興趣，也發現一本好的食譜書有多麼重要啊！

經過這幾年的教學，常常在課後與同學們交流心得，發現甜點製作除了知識與經驗累積，大多數學生最頭痛的就是設計和靈感發想，他們的煩惱於是也成了出版這本書另一個重要因素。花貓希望透過這本書，不只分享正確的烘焙知識，減少許多不必要的錯誤與嘗試，更希望帶著讀者享受，從0開始創作的無限樂趣。

Hananeco 花貓蛋糕實驗室 / 黃靖婷 Saki

當花貓剛推出餅乾課的時候，沒想到會成爲日後的人氣課程，閒聊詢問同學們來上課的理由，大多都是覺得成品漂亮、送禮好看、保存容易等等。沒錯，餅乾是烘焙新手的小甜心，需要的材料、道具很少，失敗率也比較低，但即使是平淡無奇的餅乾，也能因爲不同的食譜比例、造型設計，組合出讓人眼睛一亮的餅乾盒。

給新手的烘焙建議是，反覆操作同一份食譜，可以想像這個過程是電玩打怪般累積經驗值，同樣的食譜，做第一次和第十次的經驗體會一定是不同的，不僅是熟能生巧，過程中還能學到看書也很難一一告訴你的細節技巧，當不看食譜也能流暢操作時，再來挑戰其他品項，肯定就能融會貫通、得心應手。

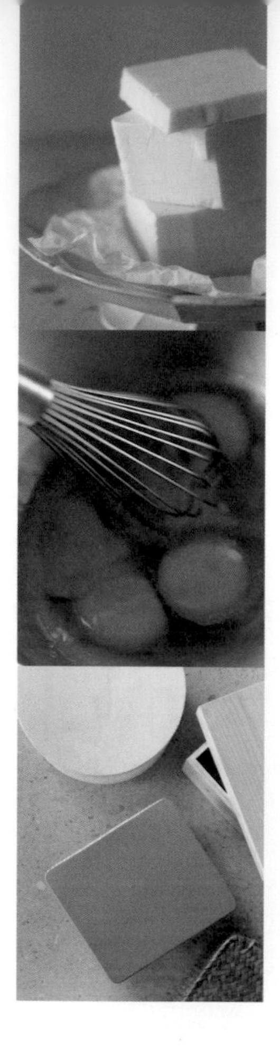

CONTENTS

02

LITTLE GARDEN 小花園餅乾盒

03

LENA 小貓餅乾玩具箱

TAIWAN 懷舊台灣餅乾盒

05

PLANET 小宇宙餅乾盒

06

IRON WINDOW 鐵窗花餅乾盒

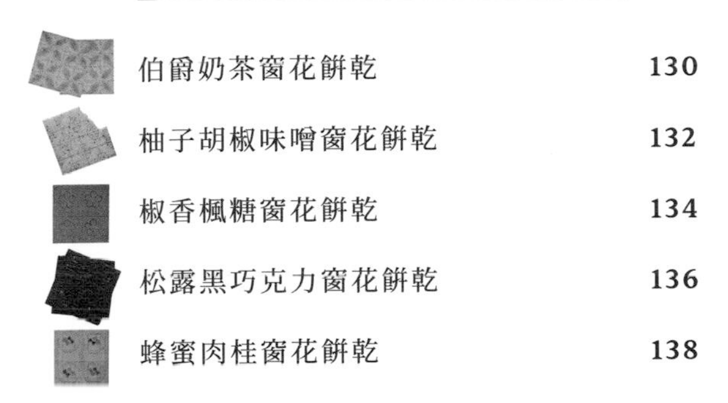

07

LOVE LETTER 情書餅乾盒

CHAPTER 4

包裝 / 保存

CHAPTER

1

烘焙前的準備 Preparation

量秤材料、詳閱食譜，備妥用具，
準備好烘焙的心情一起開始吧。

BASIC INGREDIENTS
基本食材

奶油

基本請選無鹽奶油。發酵奶油和一般奶油差別在於，發酵奶油製作時會植入酵母菌，讓奶油帶有酵母香氣，喜好程度見仁見智，比較推薦飛球、綠山農場、鐵塔的無鹽發酵奶油。

糖

糖粉與砂糖差別在於顆粒大小。糖粉做的餅乾組織緊密紮實、口感酥鬆、造型細緻，缺點是容易受潮。砂糖顆粒大，在餅乾中不易溶解，烤後易有裂紋，口感蓬鬆、酥脆。本書皆使用一般糖粉。

蛋

作爲餅乾中的液態材料，占比很低，家中常備的雞蛋就可以。再依照糖油、粉油作法需求調整溫度。

麵粉

試過幾種麵粉，口感沒有深刻的差異，所以沒有特別推薦的指定品牌。餅乾製作以低筋麵粉爲主，有時會搭配中筋麵粉、全粒粉，做出口感變化。

杏仁粉

將杏仁磨成粉狀，屬於堅果粉。用來增添酥鬆度，不能和麵粉 1：1 替換，少量使用，可增添口感層次。

巧克力

調溫巧克力

含有可可脂成分的真巧克力，透過調整溫度帶出巧克力的結晶性，達到亮面、化口性等特質，而稱調溫巧克力。每支巧克力皆有其特殊風味，同一支巧克力作成甘納許和餅乾的風味可能完全不同。可依照能接受的甜度做選擇，60%苦味老少咸宜，喜歡苦一點就往上找，甜一點反之，記得%數越高，可可脂比例高，如食譜用60%，但你用70%，麵團自然會硬一點。

（本書使用）
- LUBECA法曼迦納黑巧克力扣60%
- LUBECA帛降迦納黑巧克力扣70%
- 法芙娜奇想系列草莓調溫巧克力（鈕扣型）

免調溫巧克力

以植物油取代可可脂成分製成，風味、光澤不如調溫巧克力，但居家使用方便不易失敗，建議用於餅乾裝飾就好。

（本書使用）
- F1‧特級純白代可可脂巧克力紐扣
- 梵豪登‧深黑苦甜代可可脂巧克力紐扣MA

食用油

油的選購方針是，聞起來不要有味道，才不干擾餅乾風味，或者選用特殊油香發揮，像胡麻油就很適合芝麻口味。

泡打粉

含酸性、鹼性成分的膨脹劑，能幫助上色、膨脹、延展，選購時確認是否為無鋁泡打粉，不建議和小蘇打粉等量替換。

堅果

核桃、杏仁、夏威夷果是增加口感的好夥伴，可等量替換，但需注意食譜使用量，建議烤香後再用。

鹽

食譜常見加一搓鹽，沒有特定克數。用來平衡甜度，選用一般食用鹽即可。

愛素糖

又稱珍珠糖、珊瑚糖，是甜菜糖製成的人工代糖，零熱量、耐高溫不變色，常用於糖藝製作。融化即可使用，不須測溫，用不完倒在矽膠墊上，冷卻後防潮保存，下次直接融化糖片就能用。

BASIC TOOLS
基本器具

厚度尺

可幫助麵團統一厚度，讓外觀、烘烤時間更一致。可用同樣高度物品代替。0.3～0.4cm、1cm使用頻率較高。

刮刀

在餅乾製程中，一隻打通關的存在。注意是否爲一體成型、有無耐高溫，刮刀頭柔軟度也很重要，太軟難施力、太硬難刮乾淨。

打蛋器

挑選重點在線圈多寡，份量多使用線圈密的。使用時手握在線圈與握把交接處。

網狀烤盤墊

耐高溫、特殊孔洞設計、導熱均勻，用來烤餅乾更酥脆、平整漂亮。

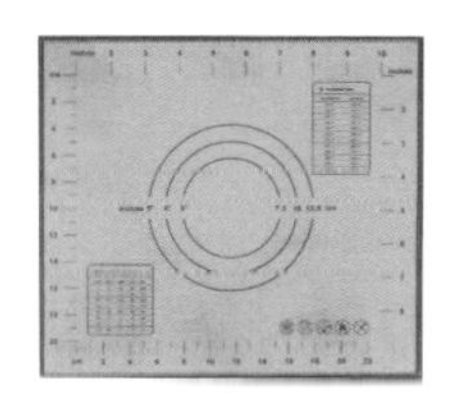

矽膠墊

麵團整形、巧克力裝飾時能止滑防沾，也能進烤箱烘烤，防沾好脫模。

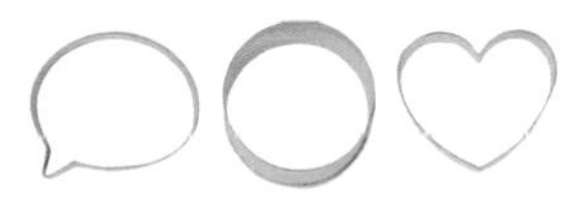

壓模模具

有不鏽鋼製、鋁製、塑膠材質，不鏽鋼製堅固好壓不怕變型，塑膠材質最軟，若麵團厚或硬，會很難操作。

電子秤

測重範圍在 0.1kg ～ 3kg 的最實用。

一次性擠花袋

像甘納許、裝飾巧克力、糖霜，不需經高溫殺菌過程的素材，會用一次性擠花袋，用完即丟，用量少可以三明治袋取代。

布擠花袋

布擠花袋可重複使用。開口不要一次剪太大，以符合各種花嘴使用。

鋼盆

適合餅乾製作的是寬口平底鋼盆，小份量用直徑18cm，大份量用直徑26cm，少量融化巧克力用12cm。

選一條好的奶油吧

餅乾由奶油、糖、粉三種主要材料構成。我曾試過同一份食譜，以不同的奶油、粉去製作，令人震驚的是，口感風味完全不同，證明了食材對成品的影響力。

對餅乾來說，靈魂食材非「奶油」莫屬，市售奶油選擇很多，建議大膽試不同品牌，不論是奶油或其他材料都是，慢慢能找出自己喜愛的組合。以奶油來說，我喜歡發酵奶油在烘烤後帶來的香氣層次，尤其本書做了多款酥餅，在不同口味搭配下，更能感受奶油帶來的味覺感動。

盡量避免使用白油、酥油、乳瑪琳這類人造奶油，雖能創造極爲酥脆的口感，吃多了卻會造成身體負擔。

讓奶油與水完美融合

在書中會不斷看到「乳化後才能……」爲什麼呢？因爲油水分離狀態，會讓麵粉接觸到水分而出筋，使餅乾口感變硬。

成功乳化的第一步從「材料回溫」開始，溫度約在21度左右，能讓奶油與水性材料輕鬆合而爲一。液態材料在冬天可隔水加熱到25～30度，液態材料中「蛋」最特別，全蛋和蛋黃都含有天然乳化劑「卵磷脂」，和奶油乳化時很快就能拌勻，但若換成含水量80%以上的蛋白，要和油乳化就比較難，需要透過加溫來提升乳化力。或是利用打蛋器高速震動來幫助乳化。若使用電動打蛋器至少要開中高速，低速反而會讓奶油軟化。

冷藏、冷凍各有不同用意

冷藏鬆弛

剛做好的麵團冷藏，能發揮結構定型、鬆弛筋性效果，如果趕時間不鬆弛，雖不至於失敗，但烤出來的餅乾成品易有不平整、組織不穩定的問題，冷藏時間約30min～1hr即可。擠花餅乾麵團完成後直接使用無需冷藏。

冷凍定型

用意是幫助麵團定型，適用於麵團變軟難操作時，壓模或麵團切片前，大部分麵團都建議冷凍後烘烤，軟麵團直接烘烤容易攤平、造型走鐘。少部分麵團不冷凍也能烘烤，如本書的雪茄蛋捲、雪球、手捏餅乾等。

食譜烤溫都是僅供參考

把每台烤箱都當作獨生子對待吧，沒有絕對烤溫，只有適合自家烤箱的烤溫，花貓教室用6台同品牌的烤箱，還是有各自的小脾氣，應該學會判斷餅乾的狀態出爐，烤6片和烤12片需要的烤溫、烤時絕對不一樣。

如何參考食譜烤溫呢？可先從總烤時2/3開始判斷，譬如總烤時16min，我會在12min時確認狀態，再判斷接下來的溫度、烤時如何調整。餅乾上色了，但不確定熟了沒，可關掉電源悶3～5min，確保熟度並讓餅乾更酥脆。

再來是預熱，「預熱」是指烘烤前，烤箱已達指定烤溫，所以請在餅乾烘烤前20min打開烤箱預熱，讓爐溫比較穩定。

INSTRUCTION
本書使用說明書

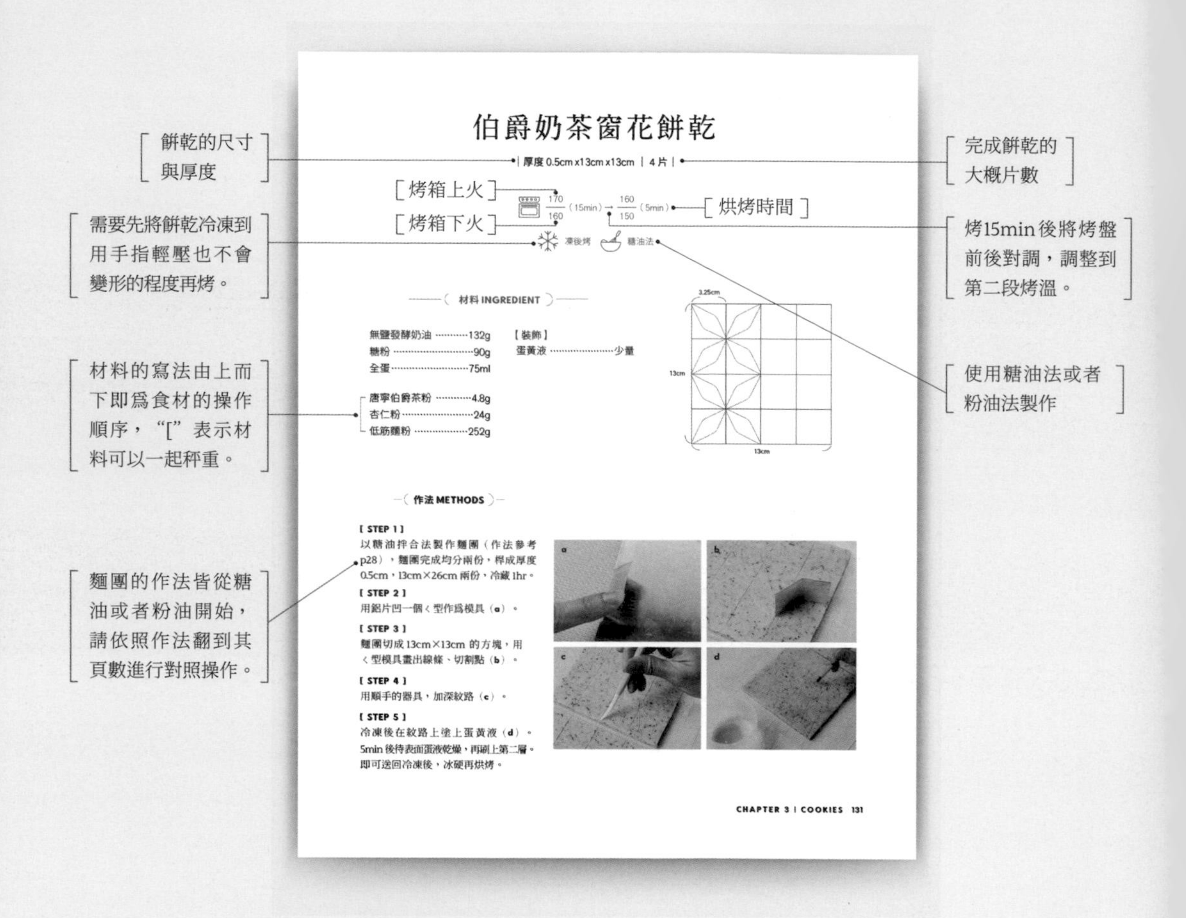

食譜操作注意事項

1. 每次冷藏、冷凍都需蓋上保鮮膜。
2. 麵粉、糖粉等粉質材料都要過篩後再使用。
3. 巧克力用隔水加熱的方式融化，融化水溫需在60度以下。
4. 堅果要烤出香氣再使用，烤溫170度，依照份量烤5～7min。
5. 食譜中材料回溫的需求爲25度上下。冬天雞蛋可隔水加熱，奶油回溫可使用微波爐，不論瓦數，以10秒爲單位，慢慢調整至柔軟而非融化。

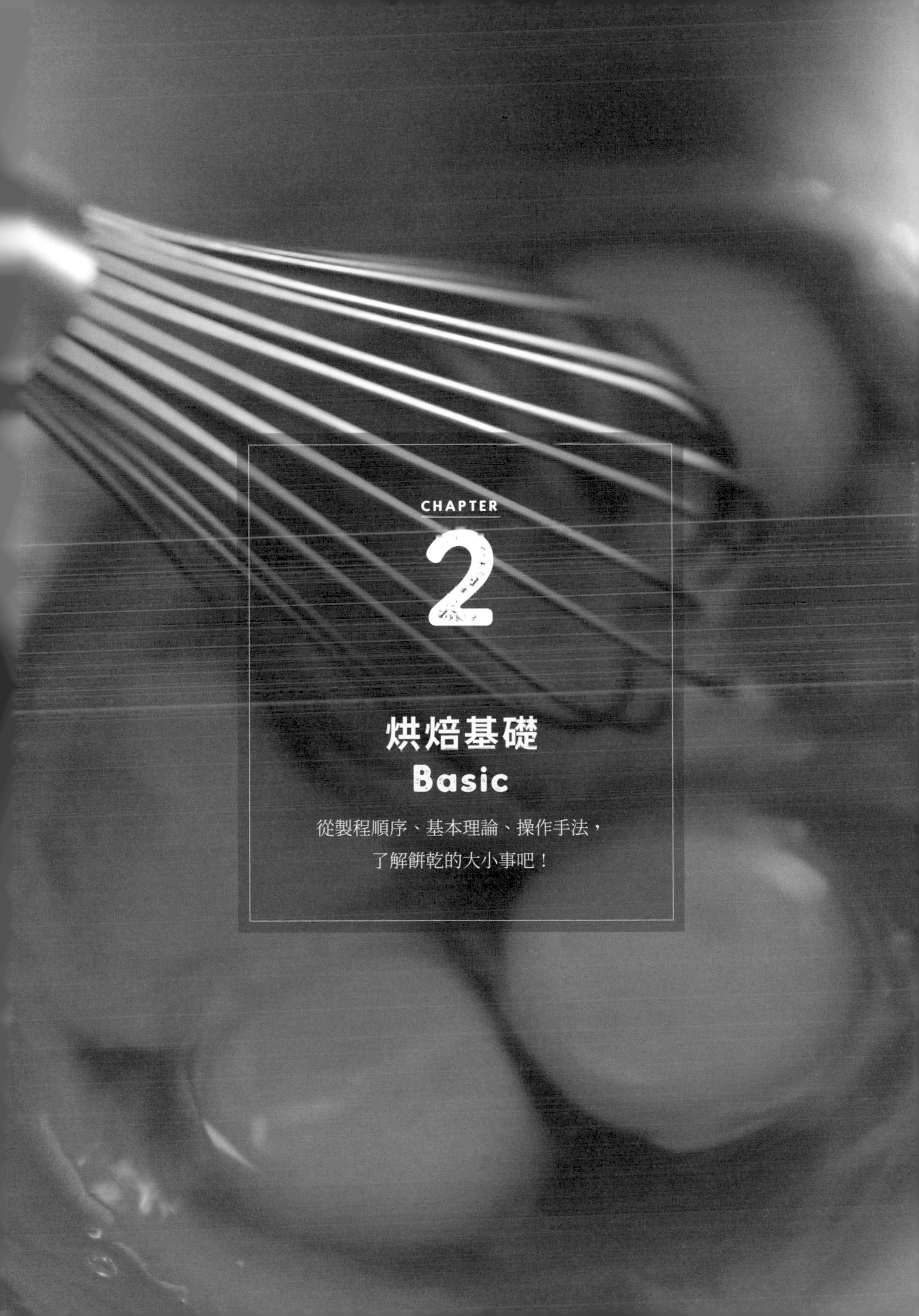

CHAPTER

2

烘焙基礎
Basic

從製程順序、基本理論、操作手法，

了解餅乾的大小事吧！

PROCESS

基礎餅乾製作流程

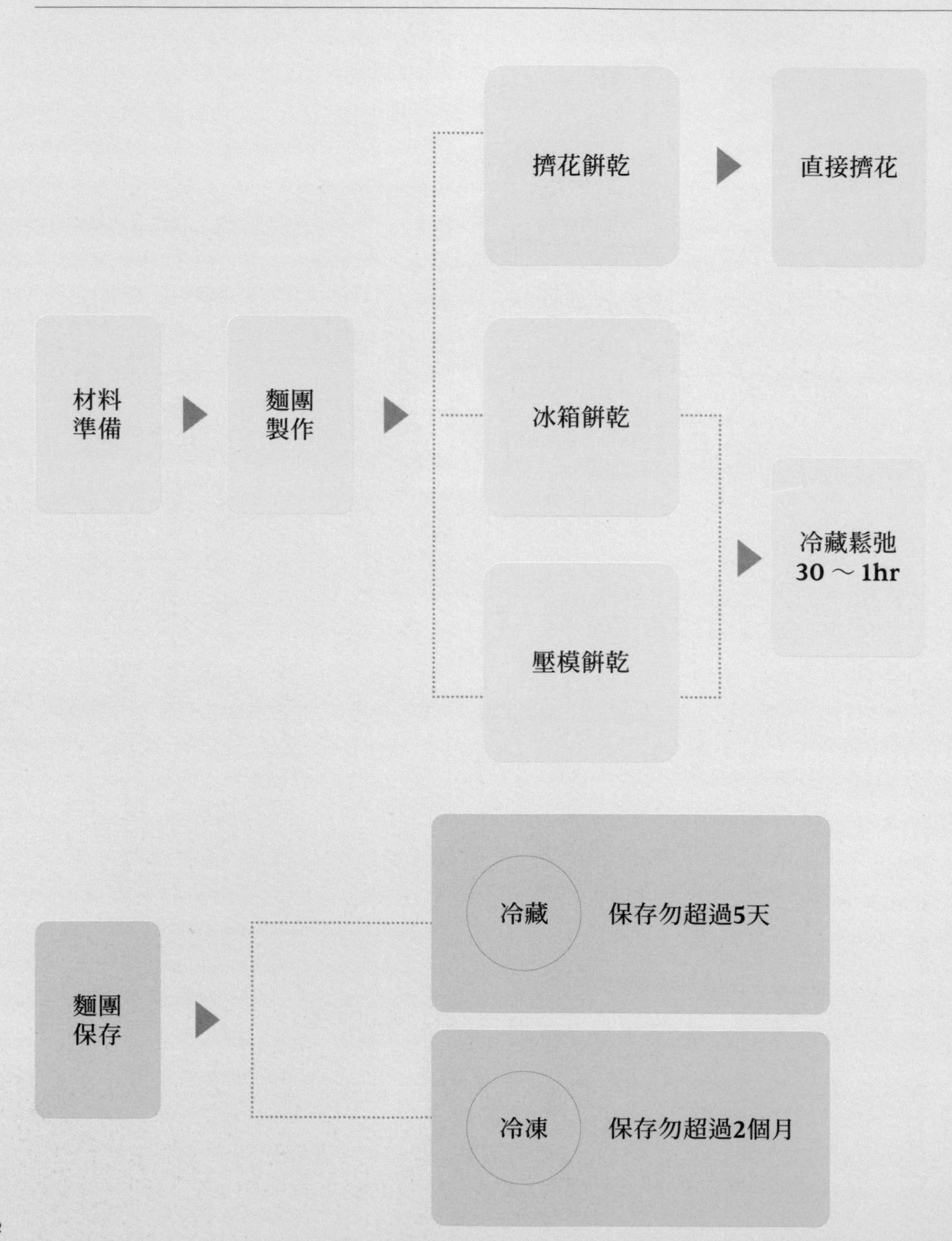

鐵盒餅乾的種類繁多，若是不清楚各種餅乾的特性，
製作起來就會費時又費工。從流程了解餅乾的誕生是很重要的第一步。

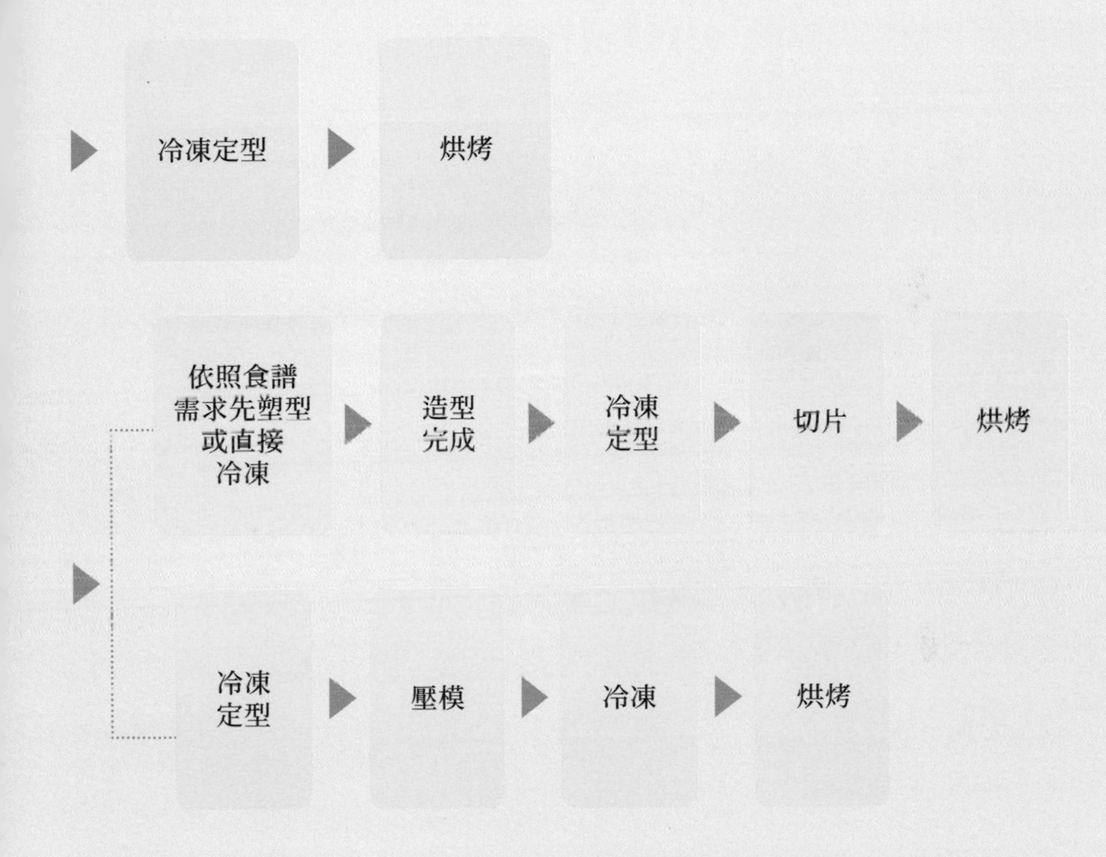

剩餘麵團

壓模後的麵團，重新整理成團後，可做2次桿壓，按照上圖壓模順序使用。但重複使用次數越多麵團筋性變強，餅乾口感會變硬，通常二次麵團剩餘的部分可以混進一次麵團使用。

METHODS

製作餅乾的②種手法

製作概念是讓奶油與糖拌勻、與粉拌勻，因此手法很簡單只有「切」、「壓拌」，所有操作都是到位就停手進行下一個步驟，多餘的動作就是導致餅乾出筋、口感變硬的原因。

刮刀正確拿法

1. 用手掌握住握把

餅乾麵團比蛋糕重，動作以切、壓爲主，因此用「手掌」的力氣控制刮刀較省力。

2. 握在靠近刮刀頭的位置

刮刀施力點在刮刀頭和握把交接處，握太後面，使用時會比較費力。

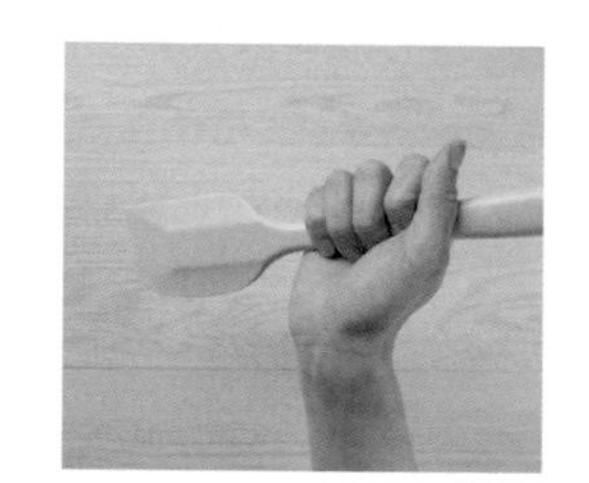

軟刮板正確拿法

圓弧面朝下，刮板順著鋼盆弧度刮取，麵團快完成前，換成軟刮板，更好施力操作，若沒有用刮刀也可以。

① 製作手法／斜切

增加奶油和粉的接觸面積

斜切比直切好操作，是因爲刮刀底部可以下壓，邊壓麵團更省時。切的重點是不斷把奶油切成小塊，讓粉更快和奶油混和在一起。

② 製作手法／壓拌

使麵團成團不鬆散

製作麵團時不要畫圓攪拌，因爲會導致出筋口感變硬，斜切至小麵團狀時，可換成壓拌手勢，沿著鋼盆壓一下，成團性會更好。

切拌到小麵團狀就換成壓拌手勢。

將麵團往鋼盆左下角壓，並往後拉，若麵團量多，可分區壓較省力。

SECRET TIPS

鐵盒餅乾偷吃步祕訣

豐富的餅乾種類，讓餅乾盒一打開就收到哇～的驚豔效果，
但種類多自然費工，適當的偷吃步能幫你事半功倍。

一份麵團作 2 種變化

◎ ex. 許願餅乾盒 / 悄悄話餅乾、焦糖夾心餅乾、雪球

悄悄話餅乾、焦糖夾心餅乾都是壓模餅乾，用對話模與圓模壓出不同形狀，烤完
將圓餅乾作成夾心，就能獲得兩種截然不同的餅乾風味。雪球想再偷懶一點，
可將麵團統一作原味，烤完滾上不同的風味糖粉，就有多種口味選擇。

◎ ex. 情書餅乾盒 / 米香地瓜餅乾、甜心紫薯餅乾

以地瓜麵團爲主體，分成兩段，用不同的裝飾手法完成，口感、視覺上
也會相當不一樣。

一份奶油糊作多種麵團

◎ ex. 小宇宙餅乾盒 / 地球、水星、木星、火星、金星、流星餅乾

這盒大量使用異色麵團混搭的方式，作出大理石紋。奶油、糖、蛋的比例相同
所以一起製作，並依照用量分配比例，作出各色麵團後混和桿壓，就省時多了。

搓長條用擠的更輕鬆

◎ ex. 生日蛋糕、小貓餅乾

造型餅乾常有「搓長條」的步驟，但手溫、施力對初學者來說較難掌握，
推薦大家搭配擠花的方式，直接擠出條狀，會方便許多。

麵團製法1

粉油拌合法

又叫砂狀拌合法或搓砂法。需要的道具很少，用手也能完成，完成的麵團硬度較高，成品口感酥鬆、硬脆。

BASIC LESSON 1

基礎製作流程

操作時奶油要確實包裹住每粒麵粉，並保持奶油不融手，因此所有材料先冷藏30min，若開始黏手則回冰一下。液體材料會因不同操作者造成用量不同，最好少量分次下，成團即可，若加完定量還不成團，可額外加量。

材料 INGREDIENT

- 低筋麵粉 ……40g
- 杏仁粉 ……17g
- 香草莢 ……1/4 支
- 糖粉 ……13g
- 鹽 ……適量
- 無鹽發酵奶油 ……30g

- 蛋黃 ……5ml
- 牛奶 ……2.5ml

成功關鍵：維持奶油不融手

主要成分加入順序

粉類＋奶油塊

↓

液態材料

做法 METHODS

[STEP 1] 粉、奶油混和均匀

奶油切丁和篩過的粉類放置同一鋼盆（**a**），用軟刮板混匀後冷藏 30min（**b**）。

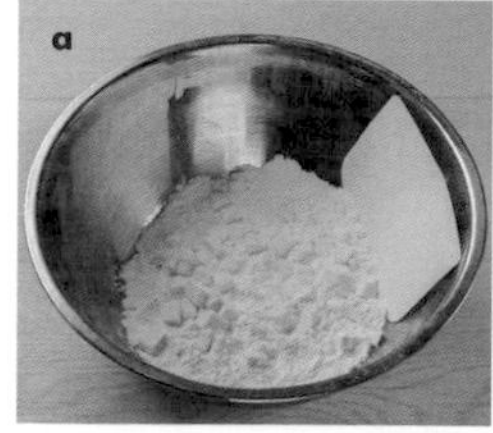

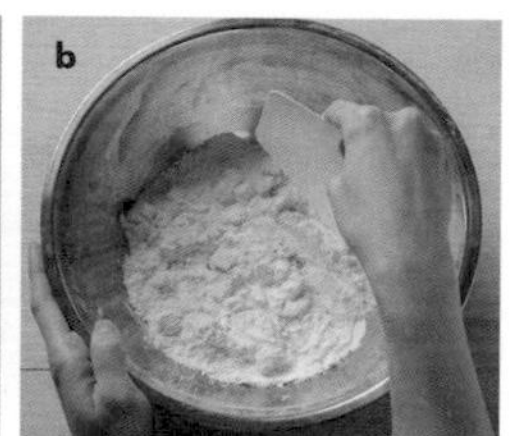

[STEP 2] 奶油切成米粒大小

用軟刮板不斷將奶油切成小米粒狀。

[STEP 3] 先捏再搓成奶粉狀

以不融化奶油的速度和力道，將粉與奶油先捏、再搓，直到完全看不到奶油顆粒，呈淡黃奶粉狀爲止。

[STEP 4] 分次加入冰蛋液

在底部挖空倒入一半的蛋液（**a**），用軟刮板不斷由下往上撈起（**b**）→切下（**c**）左手邊轉動鋼盆，直到蛋液被吸收（**d**），同樣分次加入剩餘蛋液、牛奶，切拌到成團（**e1**～**e4**），再用保鮮膜包起來，輕壓成薄片。

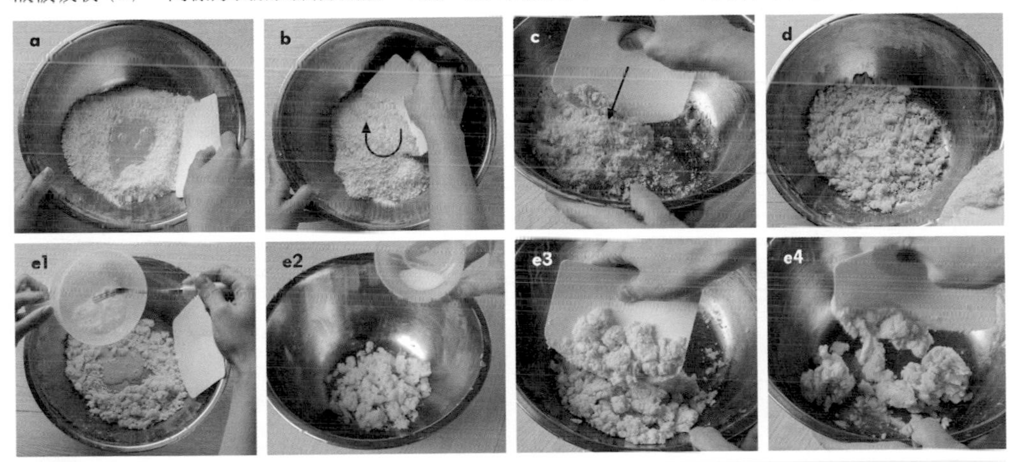

Q 蛋加太多怎麼辦？

在麵團尚未吸收前，可以用湯匙撈出多餘的蛋液。

Q 怎樣算成團？

將麵團集中，靠在鋼盆邊壓一下，能結成一團不黏手、不掉屑即可。

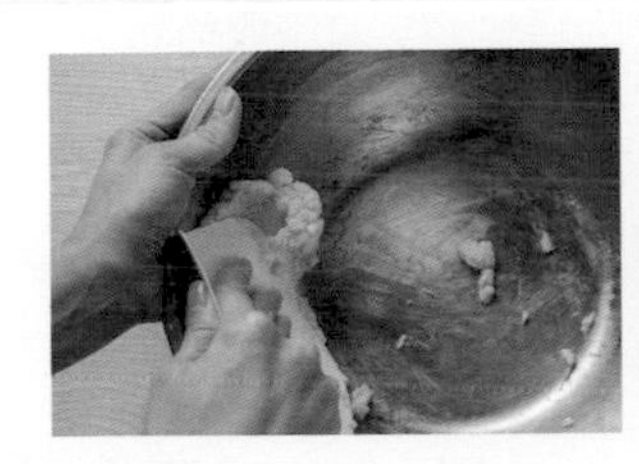
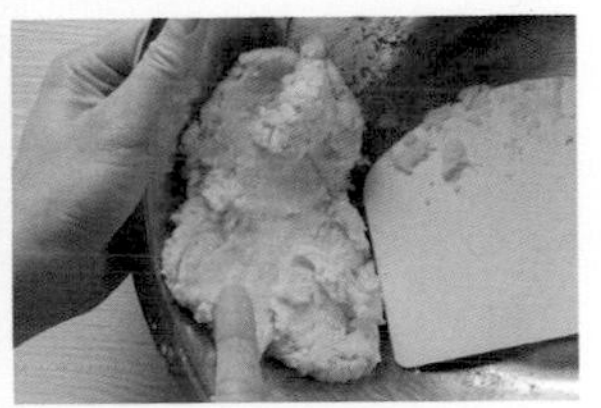

麵團製法 2

糖油拌合法

餅乾中最常見的做法，要注意奶油、液態材料的回溫，乳化狀況的判斷，與粉類攪拌手法，並判斷麵團完成的狀態，就能輕鬆面對不同餅乾的挑戰。

BASIC LESSON 2

基礎製作流程

儘管不同食譜材料有異，但都是遵循這套流程，遇到不同材料，先想一下材料特質，再加入排序製作。較特別的是巧克力，溫度高怕奶油融化，低溫怕巧克力結塊，因此雖然偏油類，但製作時會在糖之後加入，減少攪拌降溫。

材料 INGREDIENT

無鹽發酵奶油 ····················50g
糖粉 ································30g
全蛋 ·······························13ml
低筋麵粉 ··························84g

成功關鍵：勿油水分離

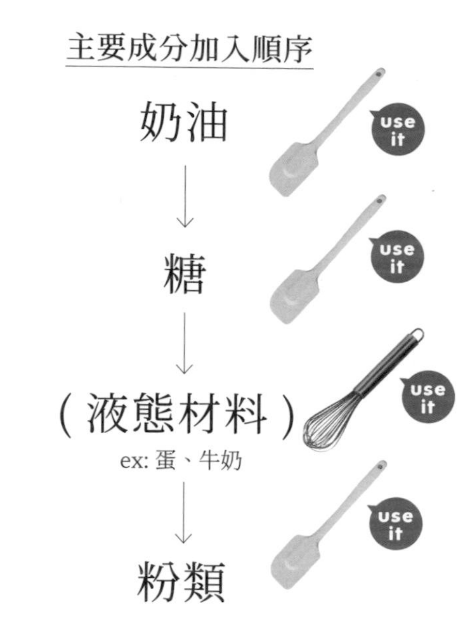

做法 METHODS

[STEP 1]
確認奶油回溫狀態
用手指按壓奶油，能輕鬆壓出指印即可，太軟可冰一下再用。

[STEP 2] 刮刀壓成膏狀

將奶油調整至均一軟硬度，用刮刀靠著鋼盆邊壓拌成膏狀，不要壓太久以免造成奶油軟化。

[STEP 3] 糖粉拌入奶油中

加入糖粉，同樣用壓拌的方式，拌到看不到糖粉為止。

[STEP 4] 分次加入蛋液

常溫蛋液，少量多次加入（a），幫助與奶油的乳化，每次都是拌到看不見液體再加入下一次蛋液（b），直至成為膏狀奶油糊（c）。

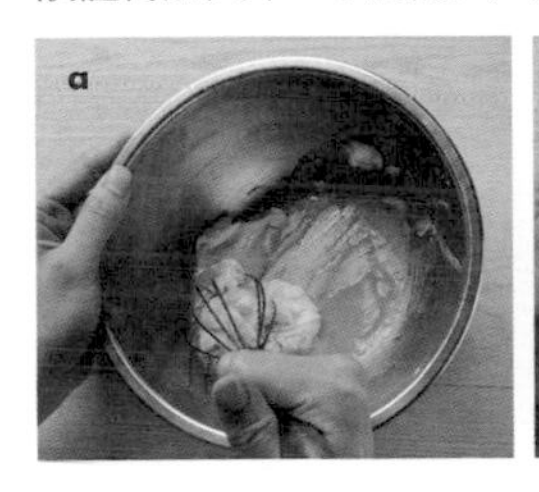

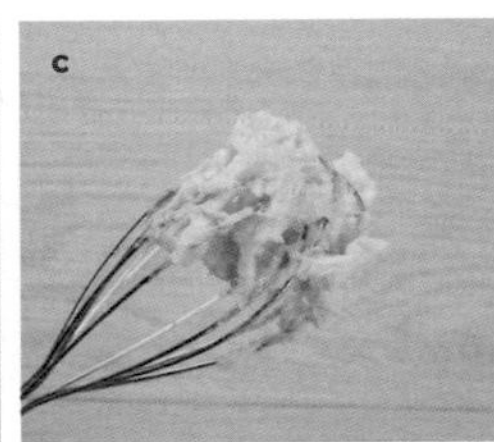

[STEP 5] 切、壓拌至無粉成團

加入粉後（**a**），刮刀從右上往左下斜切，左手一邊轉動鋼盆，直到開始出現塊狀小麵團（**b1～b4**），就換成壓拌的手勢，用刮刀往鋼盆「邊壓邊往後拉」，讓小麵團結合成團爲止（**c1～c3**）。

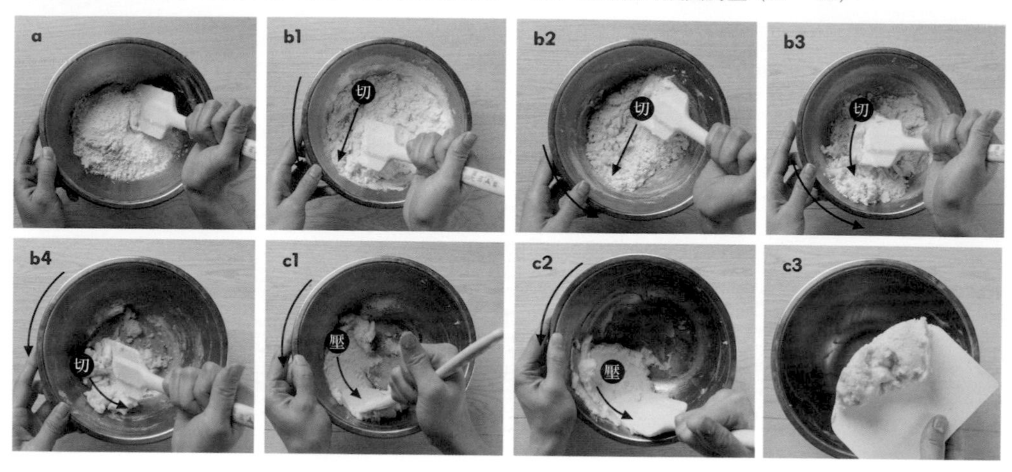

[STEP 6]

包成薄片冷藏鬆弛

用保鮮膜包成薄片冷藏鬆弛 30min ～ 1hr，不包成球狀可幫助鬆弛，也讓後續整形更輕鬆。

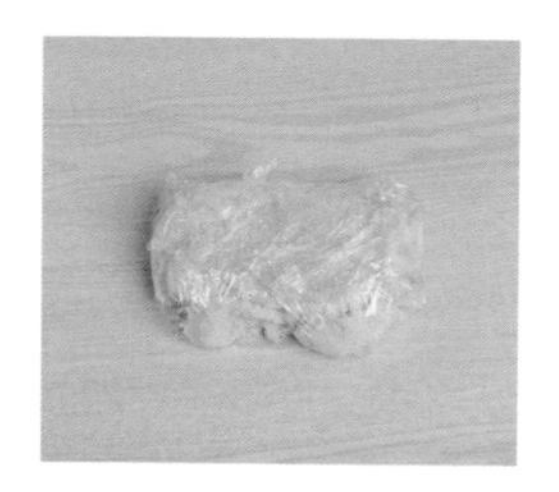

麵團桿薄片的操作小技巧

上了這麼多餅乾課，發現對於桿麵團有障礙的人很多啊，
所以這裡從0開始教大家如何桿出完美薄片吧！

桿麵團道具組合

① 0.4cm 厚度尺
② 投影片板
(保鮮膜、烘焙紙皆可)
③ 手粉
④ 刮板
⑤ 擀麵棒

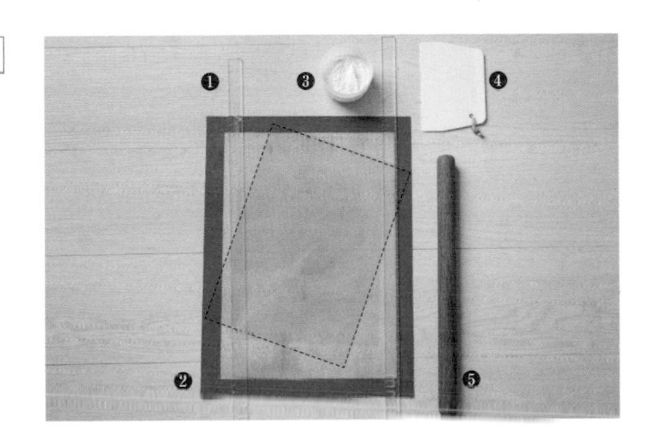

[STEP 1]
桿出厚度一致的薄片

從冰箱拿出的麵團有硬度，不好推桿，可以先用壓的方式延展後再桿，桿到和厚度尺同高度即可。

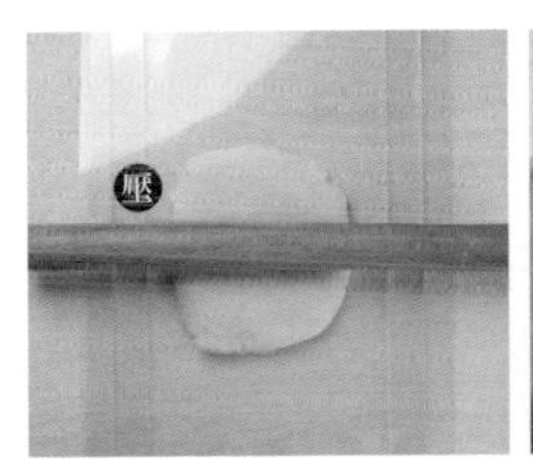

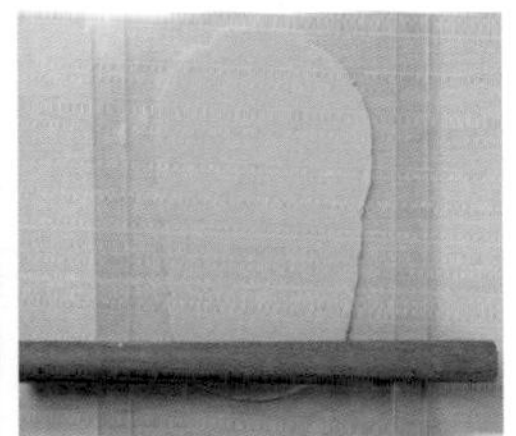

[STEP 2] 冰硬不變形再壓模

冰到投影片板兩面撕開時不殘留麵團，並保持堅硬的片狀為止，才開始壓模，途中麵團軟化就再送回冷凍定型，重複步驟直到麵團都壓完。剩餘的麵團可重新桿壓、冷凍後再壓模。

[TIPS]
軟掉的麵團必須冷凍後再壓，不然會變形。

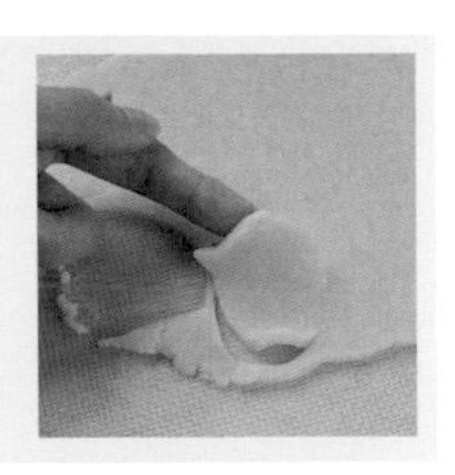

[STEP 3] 模具沾手粉防沾好脫模

模具沾點手粉能防沾、好脫模，壓模時盡量緊貼麵團邊角，第二個要緊鄰第一個，才能減少耗損，獲得最多餅乾。有時麵團太硬，模具造型較複雜時反而一壓就裂開，這時讓麵團回溫一下更好壓模。

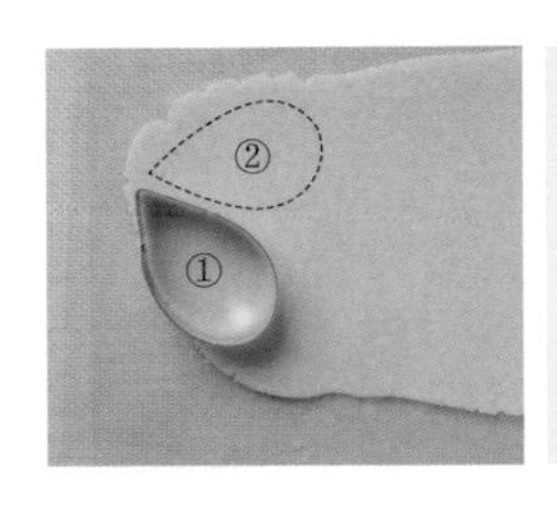

[TIPS]
脫模時在鄰近桌面的距離推模具邊角部分，比較好脫模。

CHAPTER

3

餅乾盒
Cookies

將烤好的餅乾們擺滿一桌，慢慢裝盒的過程，
是製作餅乾盒最有成就感的時候。

MAKE A WISH
許願餅乾盒

餅乾容器尺寸：
長16cmX寬14.5cmX高4.5cm

許願餅乾盒是在花貓教室
登場的第一堂餅乾課，
運用了壓模、冰箱、擠花、造型餅乾的技巧，
也搭配麵團偷吃步的方法，
和簡單實用的裝飾，
是很適合新手挑戰的第一選擇。

HANANECO

HANANECO

悄悄話餅乾
焦糖花生夾心餅乾

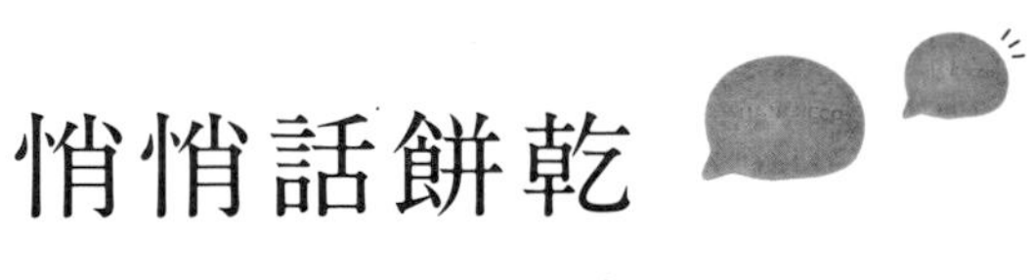

｜厚度 0.4cm ｜ 8 片 / 24 片｜
｜模具尺寸：圓模直徑 3cm、對話框 6.5cm ｜

170/160（12min）→ 160/150（3～5min）

凍後烤　糖油法

材料 INGREDIENT

無鹽發酵奶油 ··········113g
糖粉 ·························40g

鹽 ····························2g
中筋麵粉 ·················160g
玉米粉 ·····················21g

【焦糖奶油夾心】

水 ···························10ml
砂糖 ·························39g

鮮奶油 ·····················15ml
無鹽發酵奶油 ··············6g
無糖無顆粒花生醬 ·····30g

兩用餅乾麵團作法 METHODS

[STEP]

以糖油拌合法製作麵團（作法參考p28），麵團桿成0.4cm厚，冷藏鬆弛1hr轉冷凍備用。

HANANECO
HANANECO
HANANECO

兩用餅乾麵團 1

悄悄話餅乾

[STEP 1]

使用對話框模具壓出6片餅乾，順便將焦糖花生夾心餅乾的小圓餅一同壓模，使用圓模壓出24片，其餘麵團可隨喜好壓成喜歡的形狀。

[STEP 2]

對話餅乾可設計文字，完成後需先放入冷凍再烘烤。

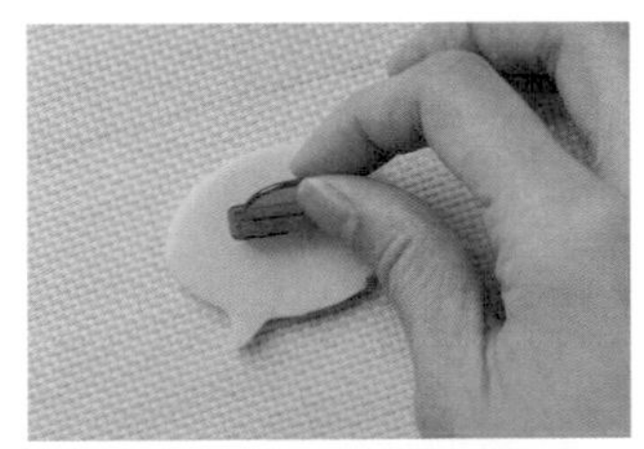

兩用餅乾麵團2

焦糖花生夾心餅乾

[焦糖醬製作]

焦糖快完成前（**a**），加熱鮮奶油直到沸騰離火（**b**），再繼續煮焦糖，煮至期望的焦度，慢慢倒入鮮奶油（**c**），攪拌均勻，若有沉澱可開小火加熱一下，勿持續加熱，以免變成牛奶糖（**d**）。

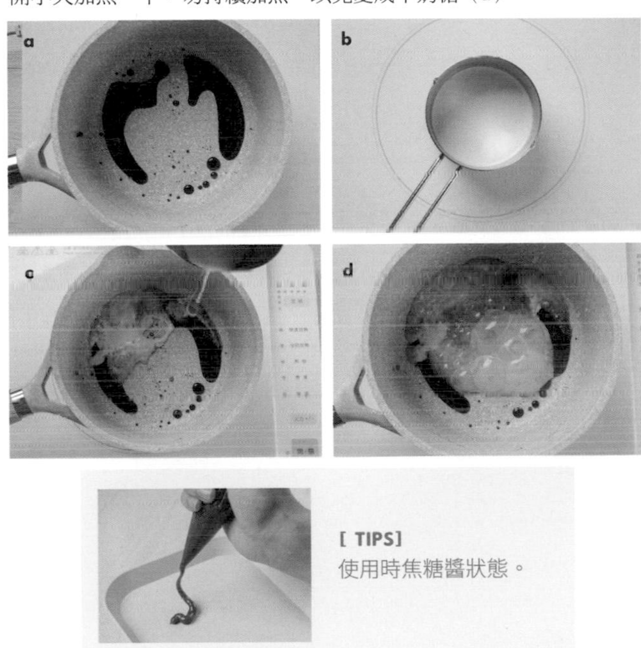

[TIPS]
使用時焦糖醬狀態。

[組裝]

在餅乾外圍擠一圈焦糖，裡面擠花生醬，蓋起來即可（**a**）側面要看到三明治狀，放在盒中才漂亮（**b**）。

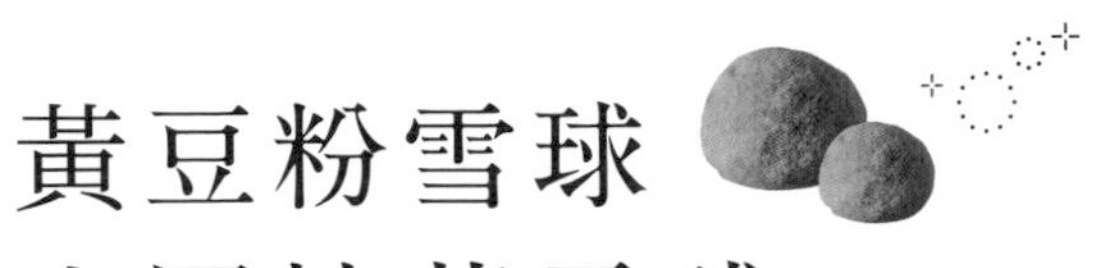

黃豆粉雪球
小山園抹茶雪球

| 6～7g(顆) | 18顆 |

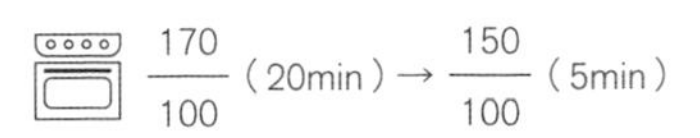

材料 INGREDIENT

【共用奶油糖粉糊】
無鹽發酵奶油 ··········37.5g
糖粉 ··········11g

【黃豆粉風味】
奶油糖粉糊 ··········24g

黃豆粉 ··········1g
杏仁粉 ··········11g
米粉 ··········18g
切丁的夏威夷果 ··········2.5顆

【抹茶粉風味】
奶油糖粉糊 ··········24g

小山園菖蒲抹茶粉 ··········1g
杏仁粉 ··········11g
米粉 ··········18g
切丁的夏威夷果 ··········2.5顆

【裝飾用風味糖粉材料】
· 抹茶粉＋糖粉　· 黃豆粉＋糖粉

【TIPS】裝飾糖粉只要有香味即可，可先2大匙糖粉＋0.5小匙風味粉調和試試，不夠再增加。

作法 METHODS

[STEP 1]

將奶油與糖粉拌勻後製成共用奶油糖粉糊，再均分成兩份，製作餅乾麵團（作法參考 p28），分別做成兩種風味的麵團，完成後分割麵團每顆約 6～7g 搓圓，然後進烤箱烘烤（**a**）。

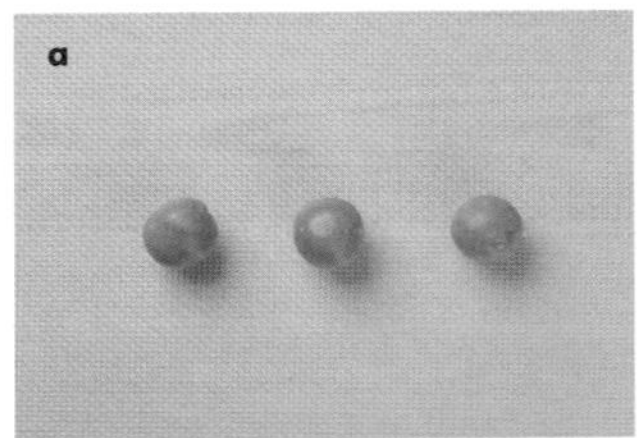
a

[STEP 2]

出爐放涼後，裹上風味糖粉（**b**）。

b

苦甜巧克力擠花餅乾

| 花嘴型號：SN7094 | 8片 |

$\frac{170}{160}$（12min）→ $\frac{160}{150}$（4min）→ $\frac{0}{0}$（3min） 凍後烤 糖油法

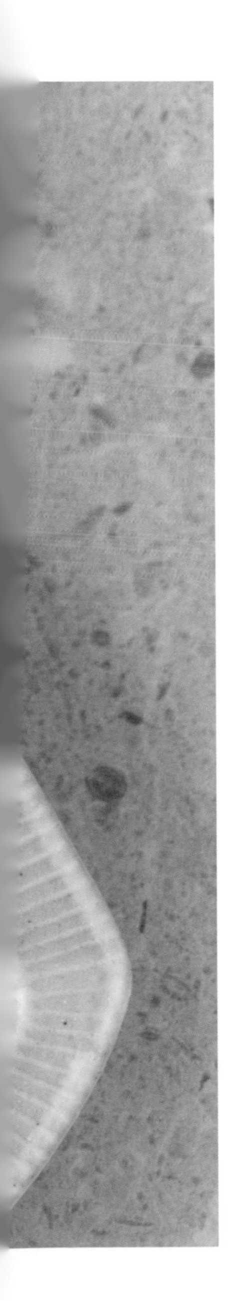

材料 INGREDIENT

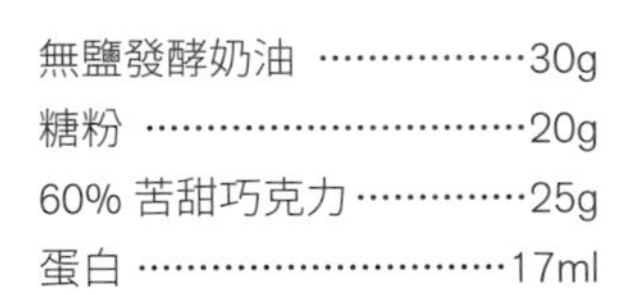

無鹽發酵奶油 ……………30g
糖粉 ……………………20g
60% 苦甜巧克力 …………25g
蛋白 ……………………17ml

低筋麵粉 …………………45g
玉米粉 ……………………10g

【裝飾】
免調溫黑巧克力 …………30g
切碎的開心果 ……………2 顆

作法 METHODS

[STEP 1] 糖油拌合法製作麵糰（作法參考 p28），巧克力隔水加熱融化，降溫至 30 度後使用，蛋白也需隔水加熱至 25 度，麵團完成後裝入擠花袋中。

[TIPS]
加入麵粉前的巧克力糊狀態，需完全乳化、光滑無顆粒。

[STEP 2] 先以手粉在鐵板上壓出，約 7cm 的定位線，沿線擠出連續 S 型。擠完需先冷凍後再烘烤（a1、a2）。

[STEP 3] 隔水加熱融化裝飾用巧克力，在餅乾斜角沾一點巧克力（c）。

[STEP 4] 趁巧克力未乾前灑上切碎開心果粒（d）。

a1

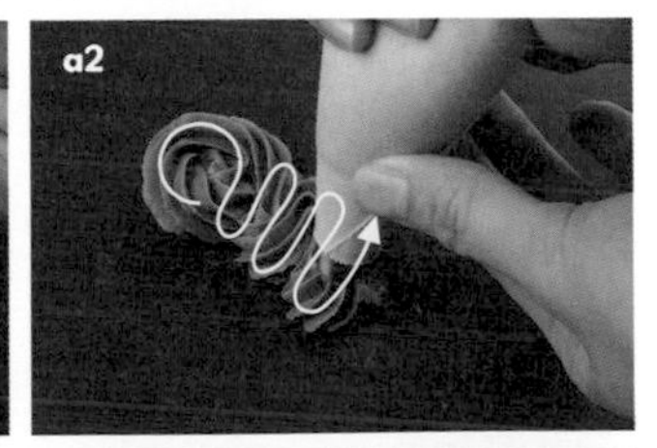
a2

c

d

生日蛋糕餅乾

｜厚度 0.7cm ｜ 14 片｜

170/160（12min）→ 150/150（10min）

材料 INGREDIENT

【共用乳化奶蛋糊】
無鹽發酵奶油 ……………101g
糖粉 ……………………76g
全蛋 ……………………37.6ml
鹽 ………………………2g

咖啡色麵團
乳化奶蛋糊 ……………85g

可可粉 …………………8.6g
杏仁粉 …………………12g
低筋麵粉 ………………66g

粉色麵團
乳化奶蛋糊 ……………13g

草莓粉 …………………1g
杏仁粉 …………………2g
低筋麵粉 ………………13.5g

灰色麵團
乳化奶蛋糊 ……………43g

竹炭粉 …………………適量
杏仁粉 …………………8g
低筋麵粉 ………………42g

白色麵團
乳化奶蛋糊 ……………73g

杏仁粉 …………………13g
低筋麵粉 ………………70.5g

彩色米麵團
白色麵團 ………………10g
Wilton食用色膏
orange ………………適量
Wilton食用色膏
kelly green ……………適量

其他 OTHERS

蛋白 ……………適量（黏著用）
手粉 ……………………適量

道具 TOOLS

- 軟刮板
- 硬刮板
- 桿麵棒
- ㄩ型餅乾整型器
- 保鮮膜
- 矽膠墊
- 牙籤
- 直徑1cm圓木條

[STEP 1] 以糖油拌合法製作麵團（作法參考 p28），四色麵團完成後，準備如下。

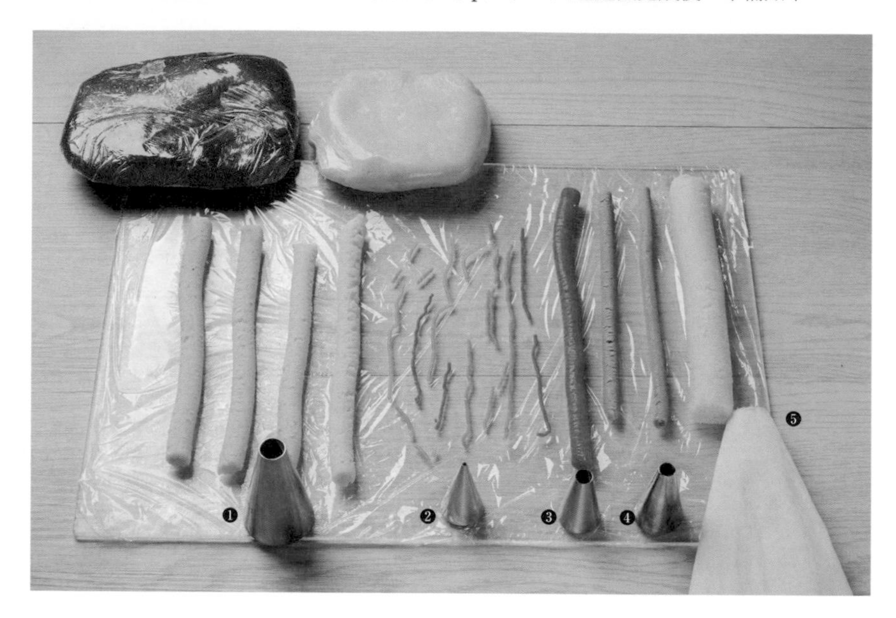

準備道具材料

① 直徑 1cm 圓形花嘴 : 13cm/4 條 (白)
② 1 號圓形花嘴 : 橘、粉、綠 各幾條
③ 11 號圓形花嘴 : 13cm/1 條 (粉)
④ 12 號圓形花嘴 : 13cm/2 條 (灰)
⑤ 直徑 2.5cm 開口擠花袋 : 13cm/1 條 (白)
· 剩餘的白麵團、灰麵團、咖啡麵團、粉麵團，冷藏 2hr 後使用。

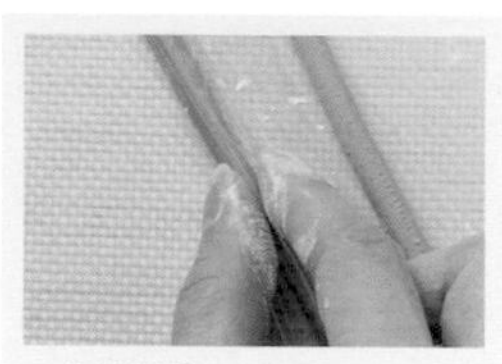

[TIPS]
用指尖捏成三角形。

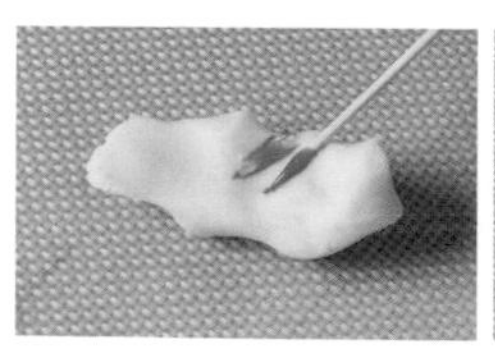

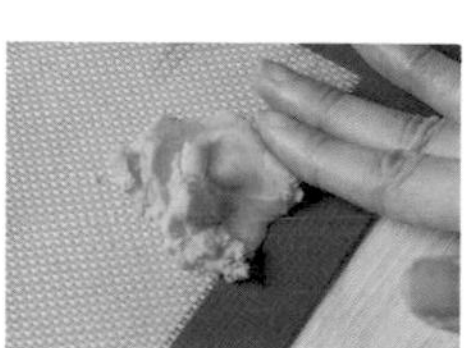

彩色米麵團作法 METHODS

取白色麵團分成5g/2份，分別加入橘色、綠色色膏（染至適當濃淡顏色），摺疊輕壓，讓色膏均勻發色即可裝入擠花袋擠出。

作法 METHODS

[STEP 2]
取170g咖啡麵團（**a**），滾成圓柱放入整型器（**b1**、**b2**），先壓出方形形狀（**c**），然後長度整型至12cm（**d**）。

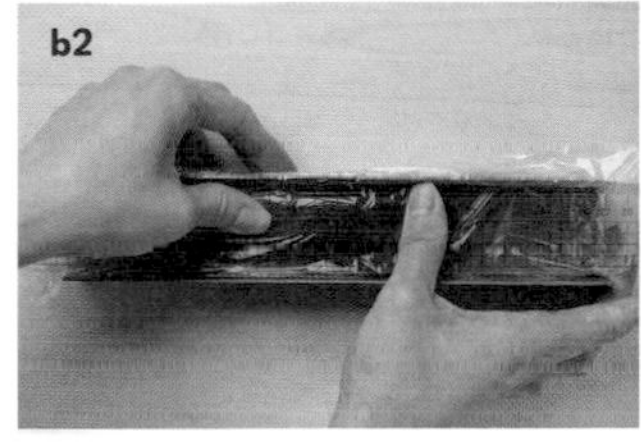

[STEP 3] 用圓木條在咖啡麵團上，平均施力壓出 4 條凹槽，完成後送冷凍冰至非常硬的狀態。

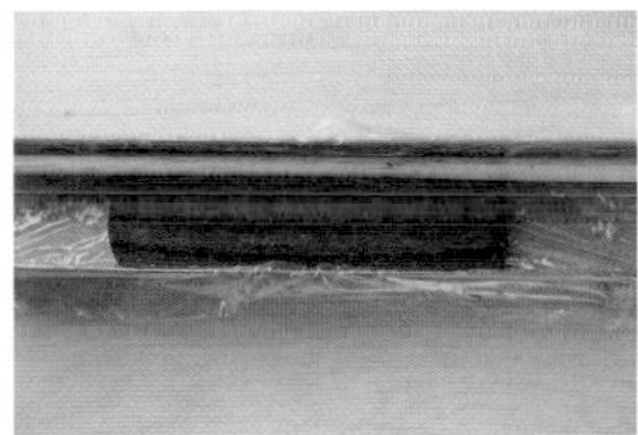

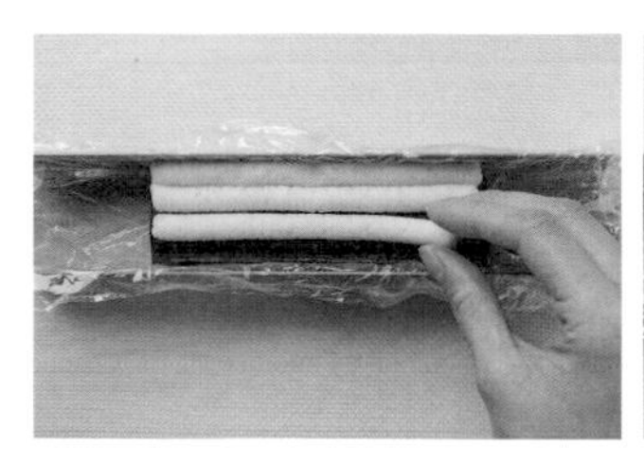

[STEP 4]
4條白色麵團常溫備用，於咖啡麵團冰硬後，在凹槽刷上蛋白，放上回軟的白麵團。如有空隙處，可用之前剩餘的白麵團填滿抹平。

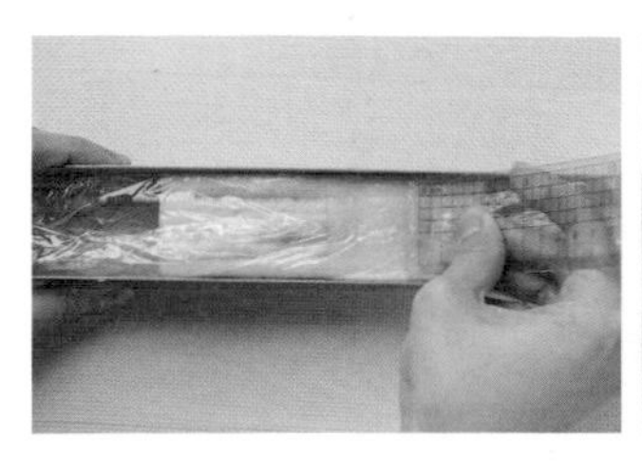

[STEP 5]
利用手邊順手的工具，將表面整理成無紋路的滑順平面。

[STEP 6] 拿出⑤粗白麵團從圓柱整成半圓條狀。

[STEP 7] 在 step5 的麵團刷上蛋白（**a**）把 step6 半圓麵團黏上去（**b**），修出漂亮弧頂再送回冷凍定型（**c1**～**c4**）。

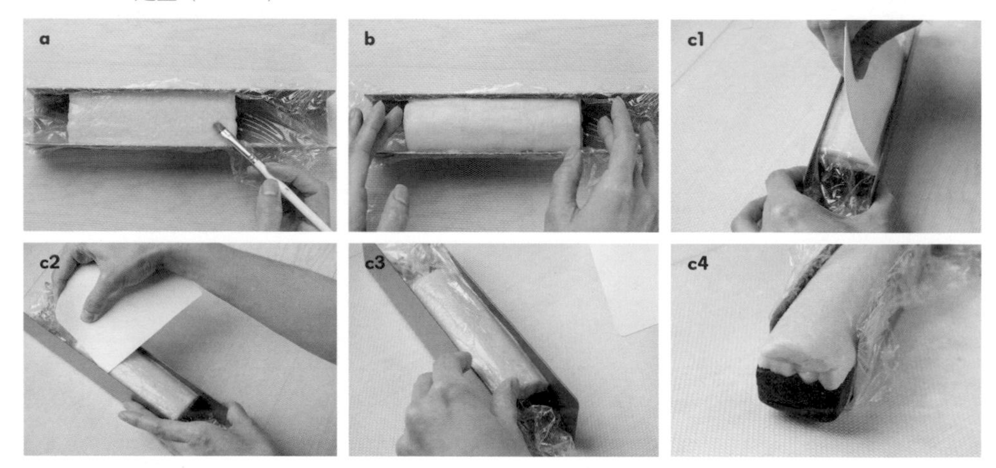

[STEP 8] 灰麵團取 80g，桿成長 13cm×寬6cm 的長方形薄片。放上餅乾整型器壓出凹槽（**a1**、**a2**），兩旁以手指輕壓整理成斜面（**b1**、**b2**）外接三角條狀並將接縫處整得毫無縫隙（**c1**、**c2**）。

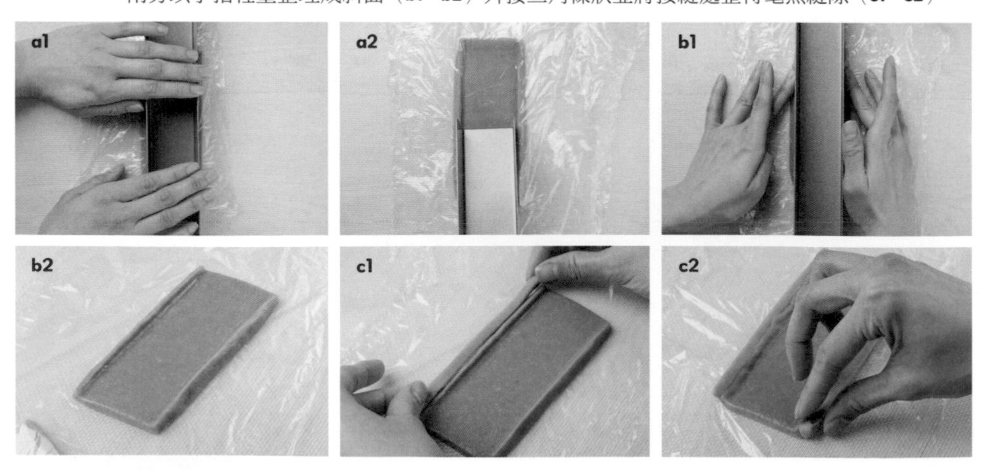

[STEP 9] 蛋糕和盤子刷蛋白黏起來，倒著放進冰箱冷凍至冰硬。

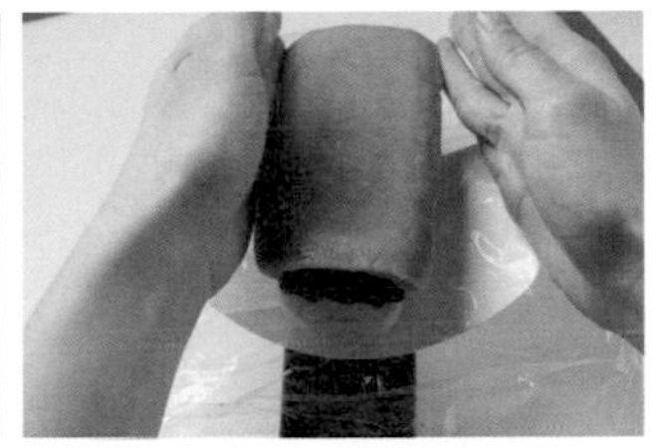

[STEP 10]

先將刀子泡入熱水中熱刀再切片（**a**），接著用 11 號花嘴切出圓形凹槽處並刷上蛋白（**b**），拿出④粉麵條切片（**c**）黏上粉色小圓（**d**）。

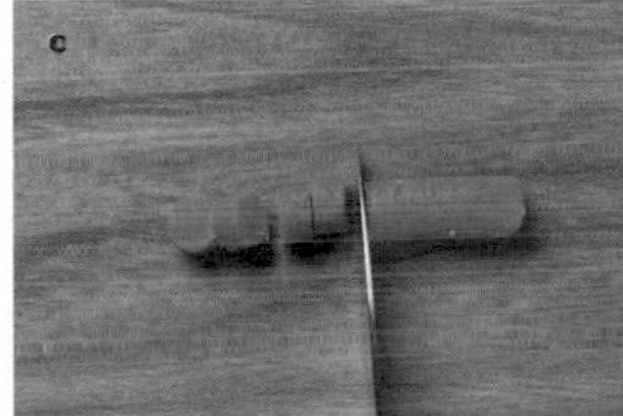

[STEP 11] 拿出彩色米麵條切成小段黏在蛋糕上，再用牙籤壓出盤子紋路，完成後需先冷凍冰硬再烘烤。

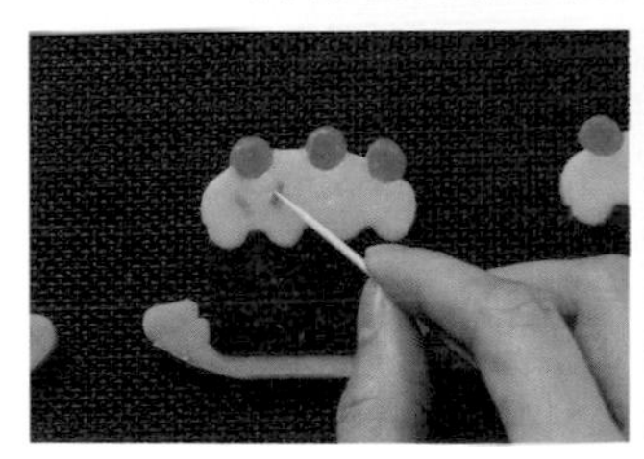
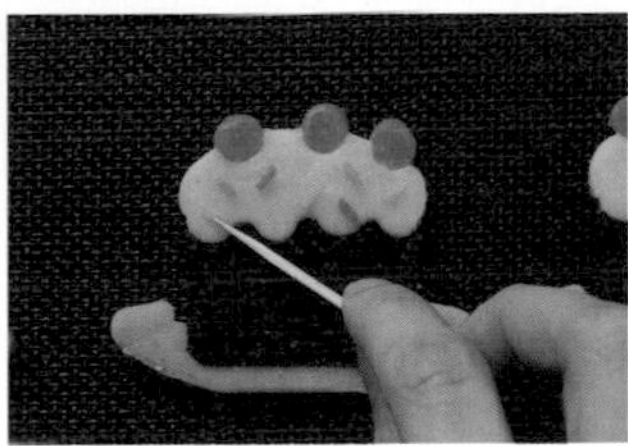
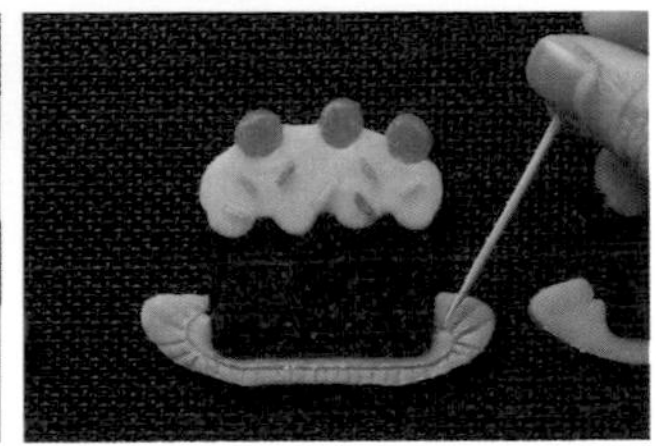

LITTLE GARDEN
小花園餅乾盒

餅乾容器尺寸：
長6cmX寬14.5cmX高4.5cm

花與甜點的結合，是花貓最喜歡的元素，
以粉色小花、向日葵、
雪茄餅乾的玫瑰花瓣作爲視覺主角，
點綴如葉片上的小露珠般，
具有透明感的糖片餅乾，
呈現雨後花園的清新風格。

蔓越莓花圈餅乾

｜花嘴型號：SN7094、圓模大小 3.5cm ｜ 7 片｜

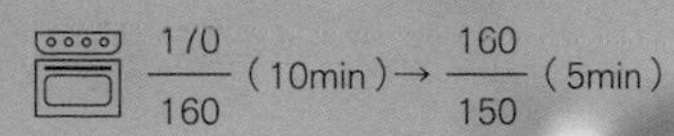

$\frac{170}{160}$（10min）→ $\frac{160}{150}$（5min）

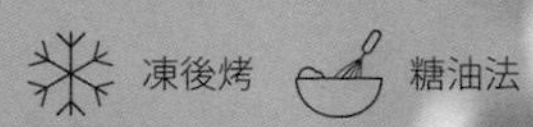

凍後烤　糖油法

材料 INGREDIENT

無鹽發酵奶油 ············24g
糖粉 ··························16g

全蛋 ·························9.5ml
蛋白 ··························1ml

紅麴粉 ·······················0.3g
蔓越莓濃縮液 ·············1滴

蔓越莓乾 ·······················2g
蘭姆酒 ······················適量
(果乾切碎泡酒 10min，
將多餘酒液過濾使用)

低筋麵粉 ··················39.5g

作法 METHODS

[STEP 1] 糖油拌合法製作麵團（作法參考 p28）。色粉、濃縮液在蛋之後加入。

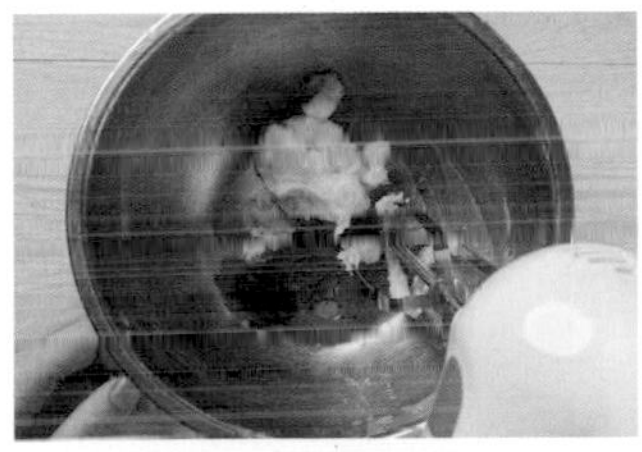

[TIPS]

❶ 不熟悉的色粉，可在蛋之後，粉之前加入，避免過度攪拌。但有些天然色粉要先靠液體溶解後發色力較好，例如：梔子花粉。

❷ 蛋後粉前加入色粉的作法，需比想像中深一個色號，否則加入麵粉後顏色會被稀釋。

❸ 想調淡色系時，色粉若加得太少，或有些天然色粉顯色力較差時，烤出來會無法顯色。

[STEP 2] 麵團裝入擠花袋，圓型模具沾手粉在鐵板上定位（**a**），擠出花圈，擠的時候麵團需緊貼彼此，不然烤完會斷裂，盡量擠在線內或線上（**b**），放在鐵盒裡空間利用較好。

[STEP 3] 冷凍後烘烤（**c**）。

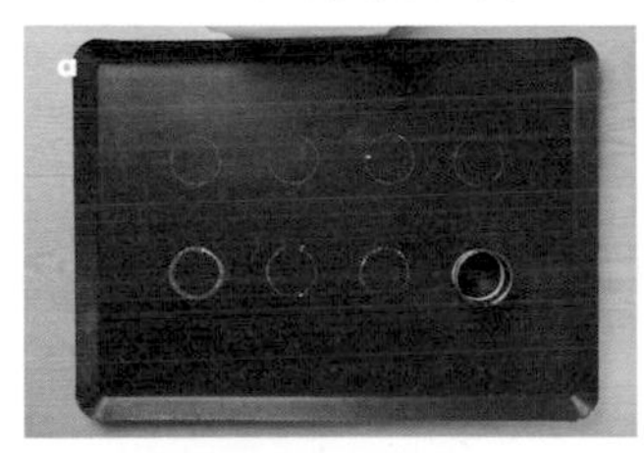
a

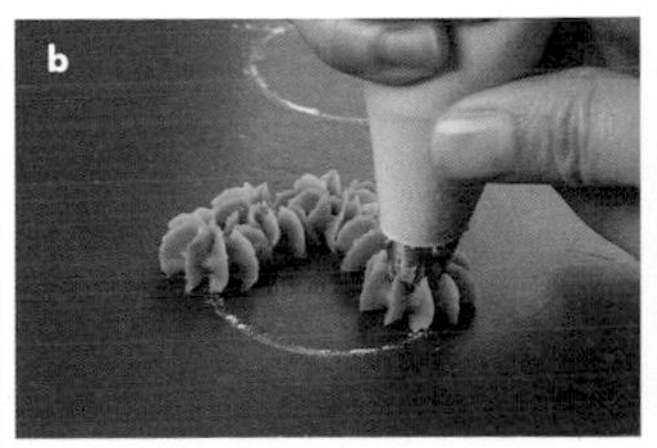
b

c

向日葵杏仁巧克餅

｜三箭牌蘿蜜亞花嘴薄款｜ 20片｜

160/150（8min）→ 150/140（3～5min）

凍後烤　糖油法

材料 INGREDIENT

無鹽發酵奶油 ············50g
糖粉 ························50g

全蛋 ························32ml
黃梔子花粉 ················1g

鹽 ····························適量
中筋麵粉 ···················80g
玉米粉 ······················30g
杏仁粉 ······················15g

【焦糖杏仁碎片】
奶油 ··························5g
砂糖 ··························5g
蜂蜜 ··························5ml
杏仁片 ·······················5g

【裝飾】
免調溫黑巧克力·········適量

—(作法 METHODS)—

[STEP 1] 糖油拌合法製作麵團（作法參考 p28），色粉同蛋一起加人（作法參考蔓越莓餅乾 p55）。

[STEP 2] 圓型模具沾手粉定位（**a**），麵團裝入布擠花袋中擠花（**b**），冷凍定型後烘烤。

[TIPS]
蘿蜜雅花嘴使用時手掌盡可能 360 度包覆擠花袋，再擠出麵團。

—(焦糖杏仁碎片作法 METHODS)—

[STEP 1] 奶油、砂糖、蜂蜜，放入鍋中加熱到沸騰後關火（**a**），加入杏仁片拌勻倒在矽膠墊上（**b1**、**b2**）。

[STEP 2] 170/170 烤約 5 ～ 8min 表面呈焦糖色，出爐放涼再捏碎使用（**c**）。

[STEP 3] 餅乾鋪在矽膠墊上，隔水加熱融化巧克力後裝入一次性擠花袋中，填入中空處（**d**），撒上杏仁焦糖碎片（**e**）。

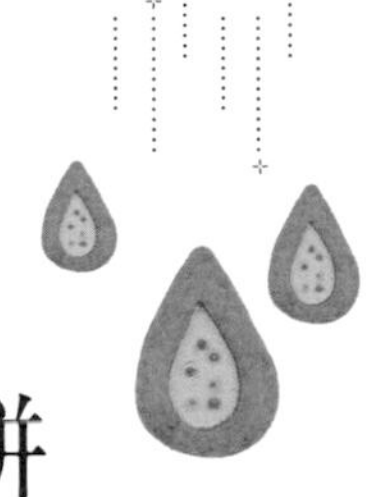

水滴小糖餅
檸檬糖霜餅乾

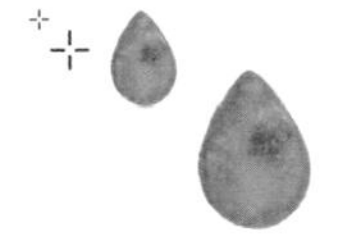

| 厚度 0.4cm | 15 片 |
| 模具尺寸：大水滴 7cm、小水滴 4.5cm |

170/160（12min）→ 160/150（3～5min）

凍後烤　糖油法

材料 INGREDIENT

無鹽發酵奶油……………60g
糖粉……………………………40g
三花奶水……………13.5ml

鹽……………………………適量
低筋麵粉………………94.5g
杏仁粉………………………11g

【檸檬糖霜裝飾】
檸檬汁……………………………5ml
糖粉………………………………30g
果乾碎片…………………………適量

【水滴小糖餅裝飾】
Wilton食用色膏orange……………適量
Sugarflair 食用色膏baby pink……適量
愛素糖……………………………100g

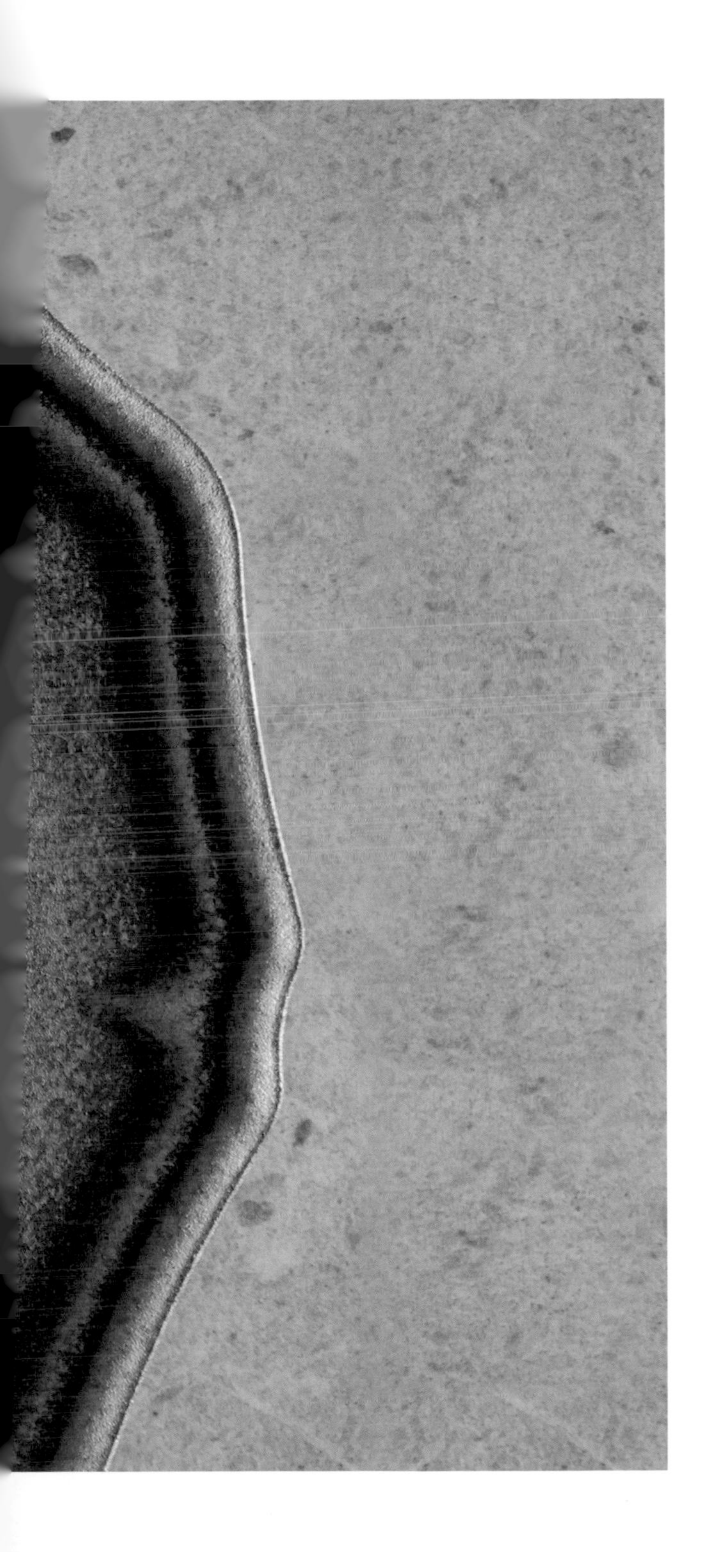

—（兩用餅乾麵團作法 METHODS）—

[STEP 1]

以糖油拌合法製作麵團（作法參考 p28），完成後夾在投影片板中，桿成0.4cm的麵團，放冷藏鬆弛30min後，冷凍定型再壓模。

[STEP 2]

先以大模壓出大水滴，再用小模壓出中空的小水滴。中空餅乾做成水滴小糖餅，小水滴麵團做成檸檬糖霜口味，烘烤前送進冷凍，確保麵團皮為堅硬保型狀態。

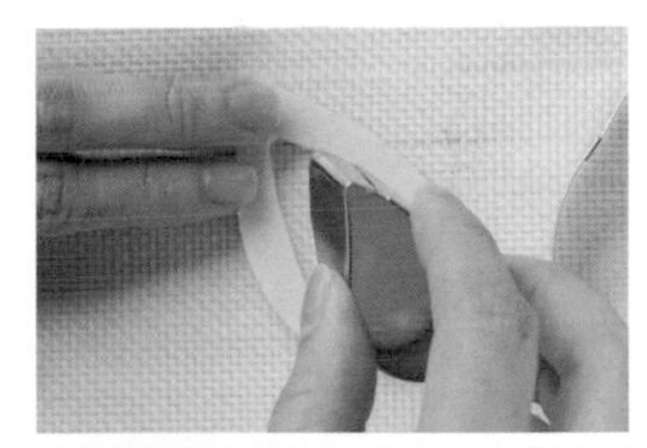

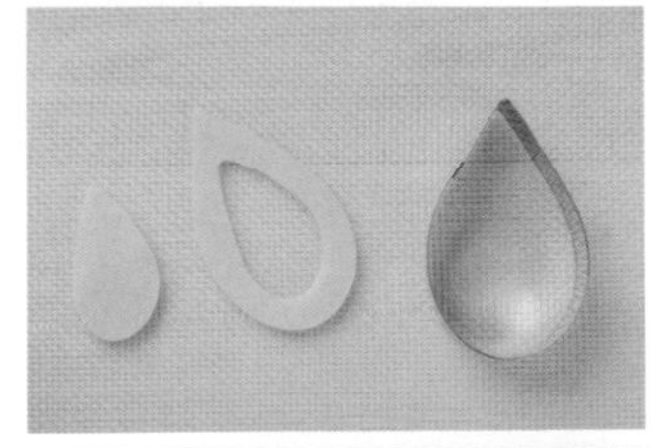

兩用餅乾麵團1

水滴小糖餅

[STEP 1]

準備色膏，粉色的固態質地用牙籤輕壓成液態後再使用，橘色液態可直接使用（**a1**、**a2**）。

[STEP 2]

開火融化愛素糖約10g，變成液態即可無須測量溫度。加一點黃色色膏，混和均勻後倒在矽膠墊上，做出黃色小圓點，待涼備用（**b1**、**b2**）。

[STEP 3]

將黃色圓點愛素糖擺在餅乾中空處（**c**）。

[STEP 4]

另外準備一個鍋子，開火融化無調色的透明愛素糖90g，倒入餅乾中空處（**d1**、**d2**）。

[STEP 5]

立刻用牙籤沾取色膏，在糖液表面畫圓，牙籤不要戳到最下面，感覺糖要凝固前完成作畫，建議一次作1～2片就好（**e**）。

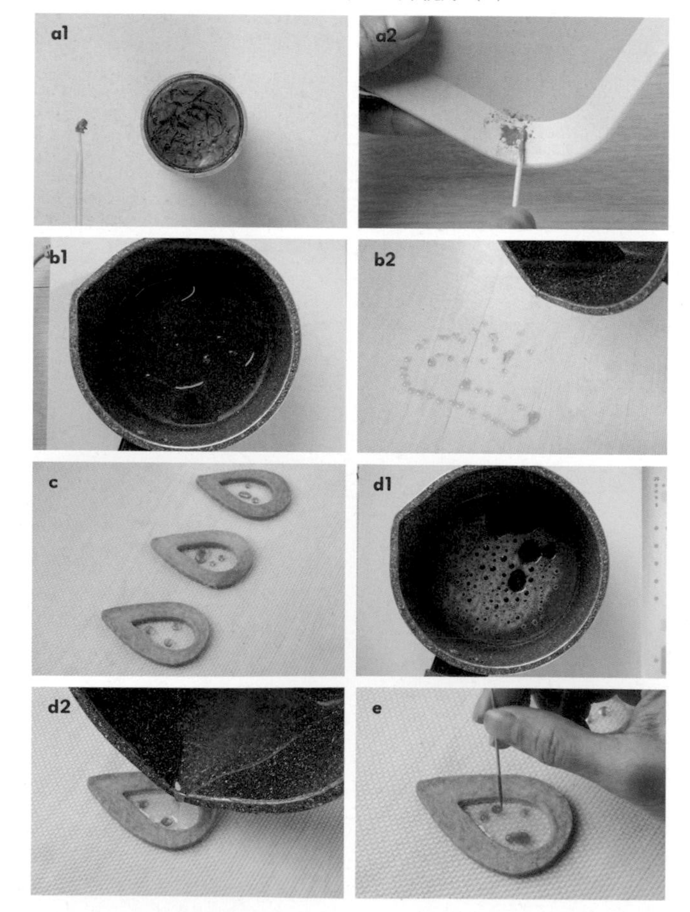

兩用餅乾麵團 2

檸檬糖霜餅乾

[STEP 1] 檸檬汁＋糖粉打發到泛白（**a**）。

[STEP 2] 出爐後，趁熱刷上糖霜、撒上果乾碎片（**b**）。

[TIPS]
糖霜容易乾燥，不用時以保鮮膜包好，若放置一段時間需攪拌後再使用。

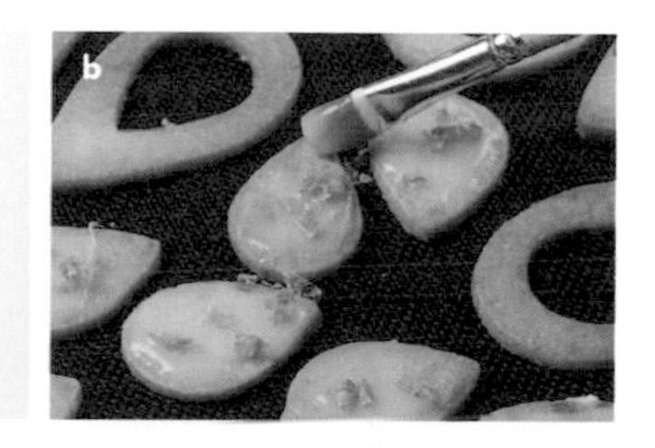

玫瑰拿鐵雪茄蛋捲

| 透明壓克力模厚度 0.1cm×4cm×4cm（可自行 DIY 裁切厚紙板）|
| 60 片 |

$\frac{170}{180}$（5min）→ $\frac{170}{180}$（3～5min）

糖油法

材料 INGREDIENT

無鹽發酵奶油 ……………………45g
糖粉 …………………………………35g
蛋白 ………………………………35ml
低筋麵粉 ……………………………30g

作法 METHODS

[STEP 1]

以糖油拌合法製作麵團（作法參考 p28），蛋白使用前先隔水加熱到30度，少量多次慢慢加入，才不會油水分離。

[STEP 2]

入模分成兩個步驟，先塗滿（a），再抹平（b），然後送入烤箱，建議一次作3～5片，以免冷卻變硬斷裂。

塗滿 用L型抹刀沾取麵糊後，將模具中空處塗上厚厚的麵糊。

抹平 將抹刀置中靠在模具上，順著模具高度滑出，抹除多餘麵糊。

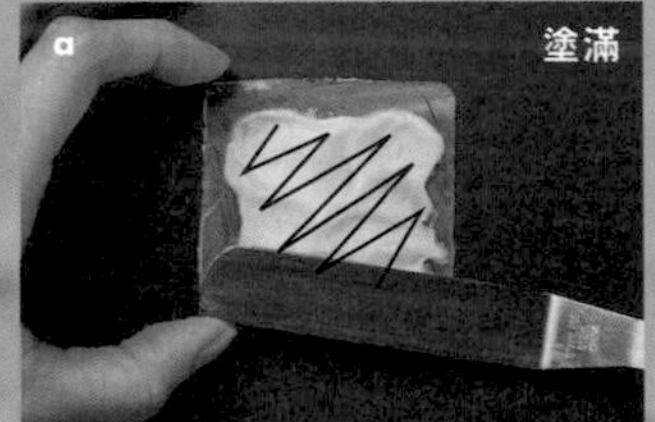

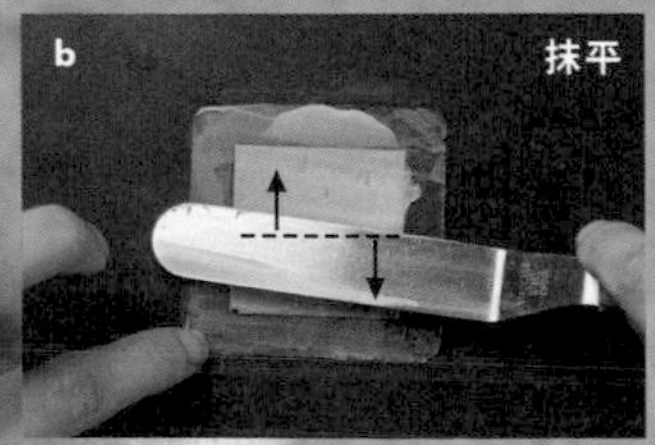

【裝飾】

免調溫白巧克力 ……………適量
細緻即溶咖啡粉 ……………適量
可食用乾燥玫瑰 ……………適量

[STEP3]

出爐後將餅皮翻面，放上筷子捲起，最後開口向下等待5秒定型，即可取出筷子（c）。

> [TIPS]
>
> 若遲遲無法上色，表示麵糊抹太厚，若 5min 內整個變咖啡色表示抹太薄已全熟，很容易冷卻斷裂。

[STEP 4]

隔水加熱融化巧克力，在蛋捲前端沾一點，撒上玫瑰花、些許即溶咖啡粉裝飾（d）。

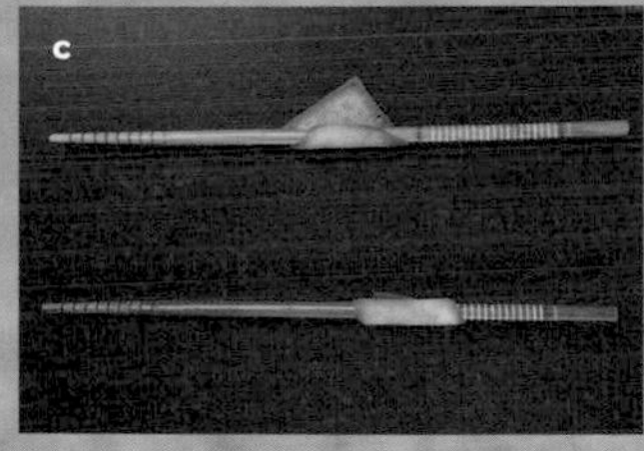

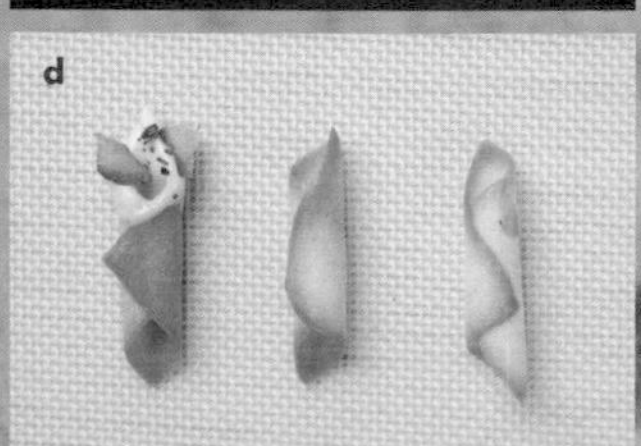

美式核桃燕麥巧克力軟餅乾

｜無麩質配方｜ 10片｜

170 / 160（13min） 糖油法

材料 INGREDIENT

- 融化無鹽發酵奶油 ……8g
- 70% 苦甜巧克力 ……52g

- 糖粉 ……16g
- 全蛋 ……24ml

- 杏仁粉 ……7g
- 鹽 ……適量
- 泡打粉 ……0.1g
- 燕麥 ……6g

- 碎核桃 ……12g

作法 METHODS

[STEP 1]

融化奶油加入巧克力後隔水加熱到完全融化，蛋液也先隔水加熱到30度，再以糖油拌合法製作麵團（作法參考 p28）。麵糰不要過度攪拌，以免巧克力硬化。加蛋乳化後希望的麵糊狀態，是可流動的感覺（a），接著加粉拌勻。麵糊完成狀態（b）。

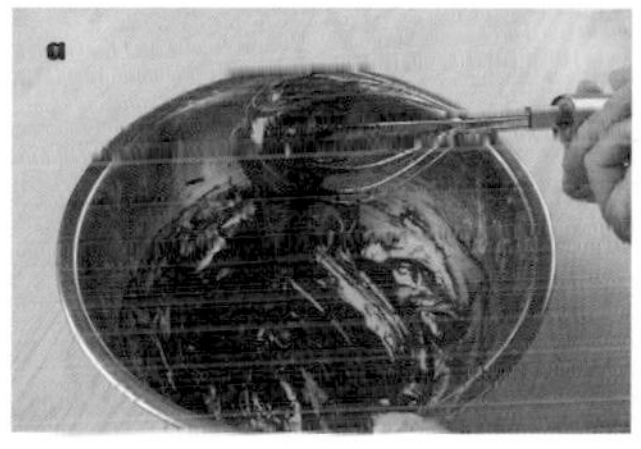

[STEP 2]

麵糊完成後包成薄片冷凍定型，取出搓成直徑3cm的圓柱（a），切片厚度爲1cm，切完擺在烤盤上（b），隔著保鮮膜捏成圓形（c），黏上核桃就能直接烘烤（d）。

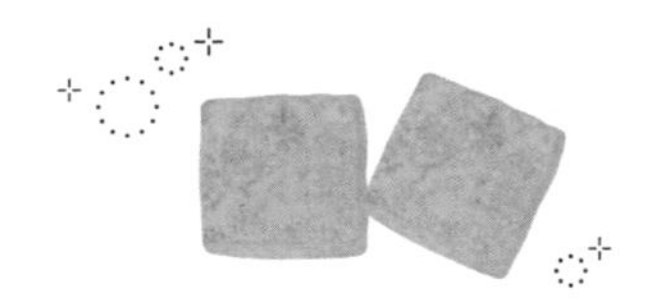

香草一口酥

| 厚度 1cm×2.5cm×2.5cm | 15 片 |

180/170（12min）› 170/160（6min）

凍後烤　粉油法

材料 INGREDIENT

- 低筋麵粉 ……………… 40g
- 杏仁粉 ……………… 17g
- 香草糖粉 ……………… 13g
- 鹽 ……………… 適量
- 無鹽發酵奶油 ……………… 30g
- 蛋黃 ……………… 5ml
- 牛奶 ……………… 2.5ml

【裝飾】

- 糖粉 ……………… 適量

作法 METHODS

[STEP 1] 以粉油拌合法製作麵團（作法參考 p26）。

[STEP 2] 桿成方形，厚 1cm的麵團，放入冷凍定型，再切成2.5cm×2.5cm大小方塊，送入烤箱烘烤。

[STEP 3] 放涼的餅乾，裹上糖粉即可。

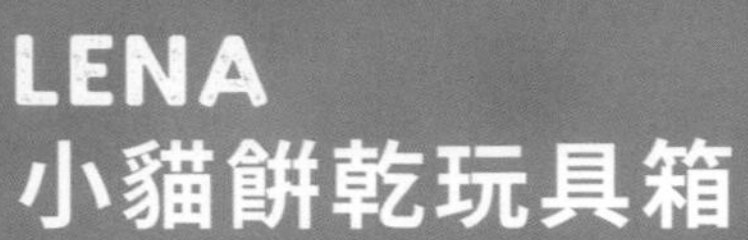

LENA
小貓餅乾玩具箱

餅乾容器尺寸：
長23cmX寬10cmX高4.5cm

雖然造型餅乾費時費工，
但看到自家小貓化成餅乾後，
真的一秒融化，
順便作個小貓周邊，逗貓棒、
小老鼠、乾乾、毛球，
一盒餅乾就這樣誕生了。

逗貓棒檸檬脆餅 ｜17片｜

180/170（15min）→ 切片後 140/140（25min）

（材料 INGREDIENT）

- 蛋黃 ……8ml
- 全蛋 ……24ml
- 砂糖 ……80g
- 鹽 ……1g

- 低筋麵粉 ……80g
- 泡打粉 ……0.9g
- 杏仁片 ……50g
- 黑白芝麻 ……16g

【檸檬糖霜】

- 檸檬汁 ……5ml
- 糖粉 ……30g
- 檸檬皮 ……半顆

（作法參考 p65 檸檬糖霜餅乾）

—（ 作法 METHODS ）—

[STEP 1] 全蛋＋蛋黃＋糖、鹽稍微打發（**a1**、**a2**）。

[STEP 2] 麵粉、泡打粉、杏仁片、芝麻加在一起混勻（**b1**、**b2**）。

[STEP 3] 將Step1和Step2材料切拌混和均勻，直到成團（**c**）。

[STEP 4] 包成薄片冷藏1hr後（**d**），取出桿成扁橢圓形，進烤箱第一次烘烤（**e1**、**e2**）。

[STEP 5] 烤上色後放涼5～10min，切成寬1.5cm的薄片（**f**），切面朝上攤平、送進烤箱再次烘烤至乾硬（**g**）。

[STEP 6] 一出爐立刻擠上糖霜、撒檸檬皮（**h**）。

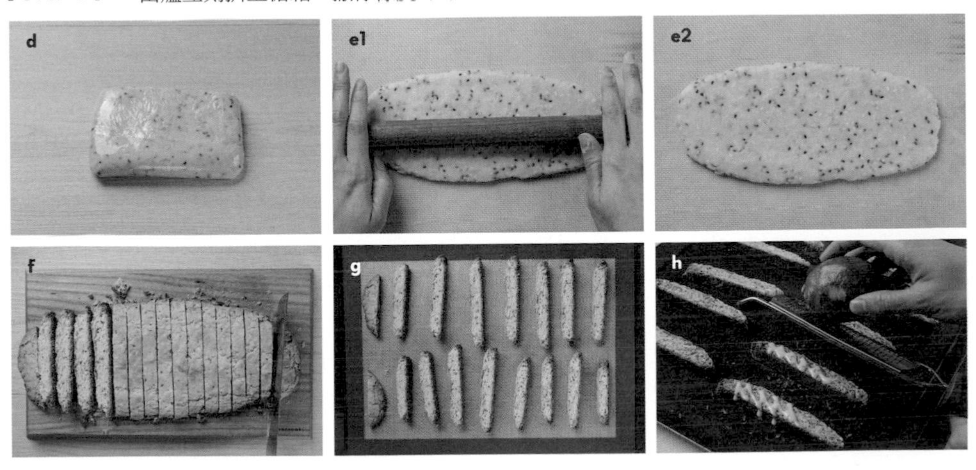

甜橘巧克貓手餅乾

| 長度 4.5cm | 15 個 |

170/160（10min）→ 160/150（5min） 凍後烤 糖油法

材料 INGREDIENT

【共同奶油糖粉糊】
- 無鹽發酵奶油 ··········97.5g
- 糖粉 ·······················37.5g

白色麵團		橘色麵團		咖啡色麵團	
奶油糖粉糊	90g	奶油糖粉糊	22.5g	奶油糖粉糊	22.5g
低筋麵粉	67.5g	Wilton orange食用色素	適量	低筋麵粉	20g
杏仁粉	22.5g	低筋麵粉	27.5g	無糖可可粉	2.5g
		杏仁粉	7.5g	杏仁粉	2.5g

作法 METHODS

[STEP 1] 製作成奶油糖粉糊之後，依照食譜分配份量，再以糖油拌合法製作成麵團（作法參考 p28）。

[STEP 2] 取12g白色麵團，隨意黏上橘色和咖啡色麵團再整型（**a1**、**a2**），搓成一端粗一端細的圓柱（**b**）。

[STEP 3] 用竹籤推出5個貓爪造型，冷凍後烘烤（**c1**～**c3**）。

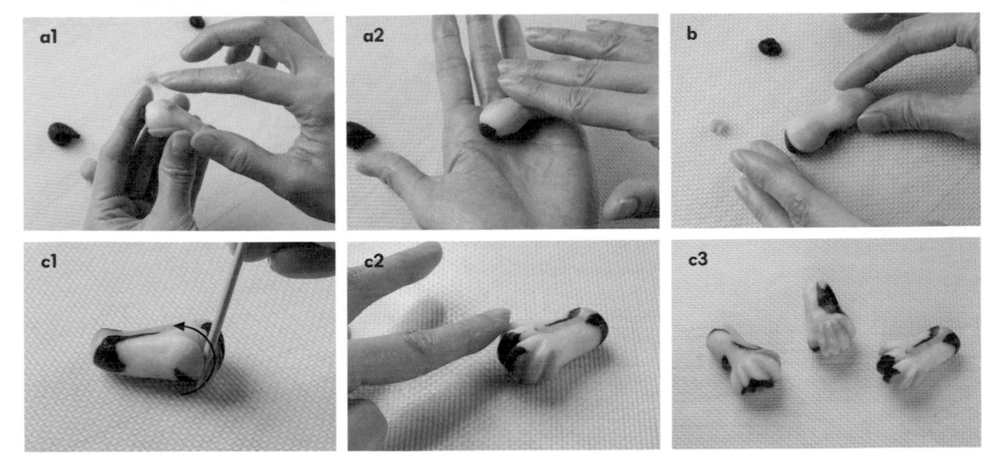

抹茶香柚小餡餅 | 6g | 15 個 |

160/160（15min） 粉油法

材料 INGREDIENT

- 低筋麵粉……43g
- 杏仁粉……10g
- 小山園菖蒲抹茶粉……1.5g
- 糖粉……2.5g
- 沙拉油……26.5ml
- 牛奶……13.5ml
- 糖漬柚子皮……適量切成小段

作法 METHODS

[STEP 1] 以粉油拌合法製作麵團（作法參考 p26）。

[STEP 2] 取5g麵團包入柚子絲，隨意捏成圓形、方形等餡餅形狀後，送入烤箱烘烤。

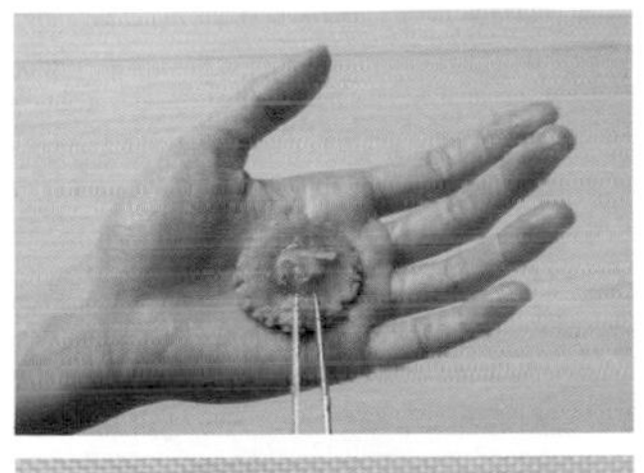

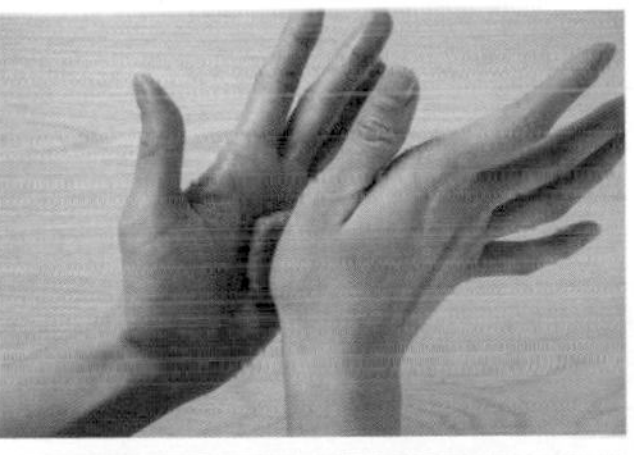

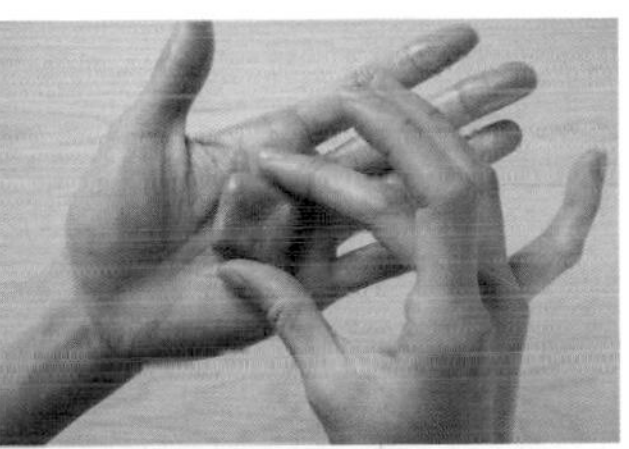

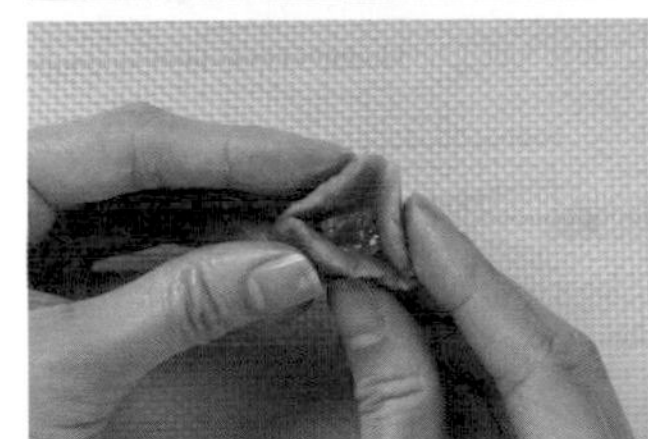

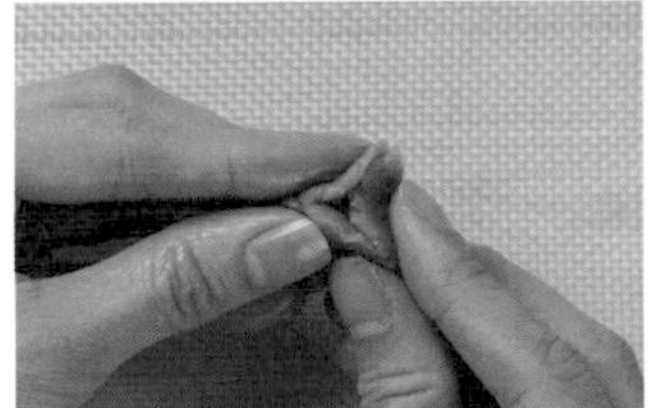

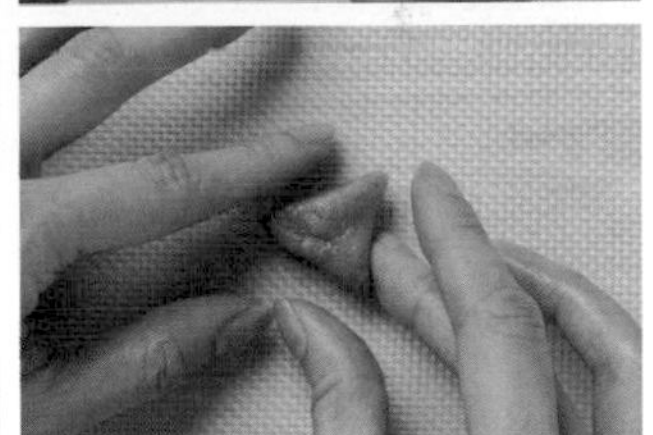

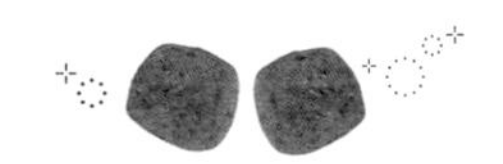

黑糖乾乾

| 7g | 15 個 |

160/160（15min） 粉油法

材料 INGREDIENT

- 低筋麵粉……40g
- 全粒粉……10g
- 黑糖粉……15g
- 鹽……1g
- 沙拉油……21ml

作法 METHODS

[STEP 1]
以粉油拌合法製作麵團（作法參考 p26）。

[STEP 2]
同抹茶餡餅作法，隨意捏成圓形、方形等形狀。

醬油風味毛球酥餅

｜厚度 1cm ｜ 7 片｜

｜模具尺寸：壓模 5.3cm 烤模 5.5cm ｜

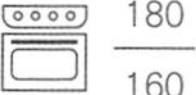

180/160（12min）→ 170/150（5min）→ 0/0（3min）

凍後烤　糖油法

[TIPS]

烤模要比壓模大，適當大小差約在 0.5cm 左右。

材料 INGREDIENT

無鹽發酵奶油 ············83g

糖粉 ························40g

鹽 ··························1.5g

蛋黃 ························4ml

蛋白 ························2ml

低筋麵粉 ····················85g

杏仁粉 ······················12g

【裝飾】

醬油 ························1 小匙

蛋黃 ························1 大匙

作法 METHODS

[STEP 1]

糖油拌合法製作麵團（作法參考p28），麵團桿成1cm厚度，冷藏1hr後轉冷凍定型再壓模。

[STEP 2]

小圓壓模後，切割裝飾線條（**a**）。

[STEP 3]

冷凍後取出，表面塗醬油蛋液（**b**）。

[STEP 4]

套上烤模，送入烤箱烘烤（**c**）。

[STEP 5]

冷卻後可搭配刮刀脫模（**d**）。

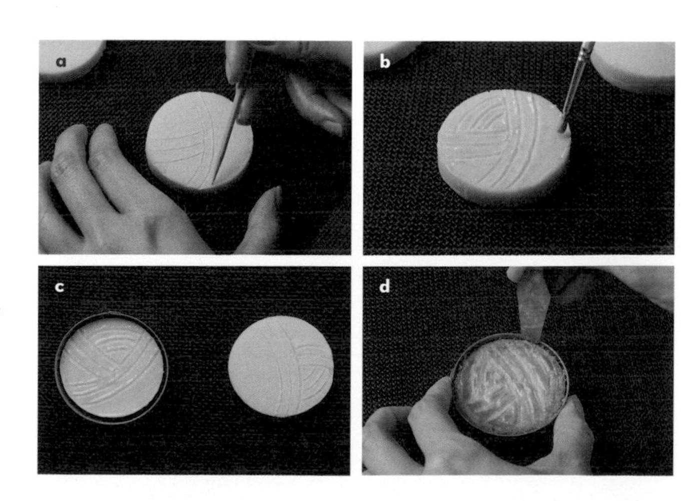

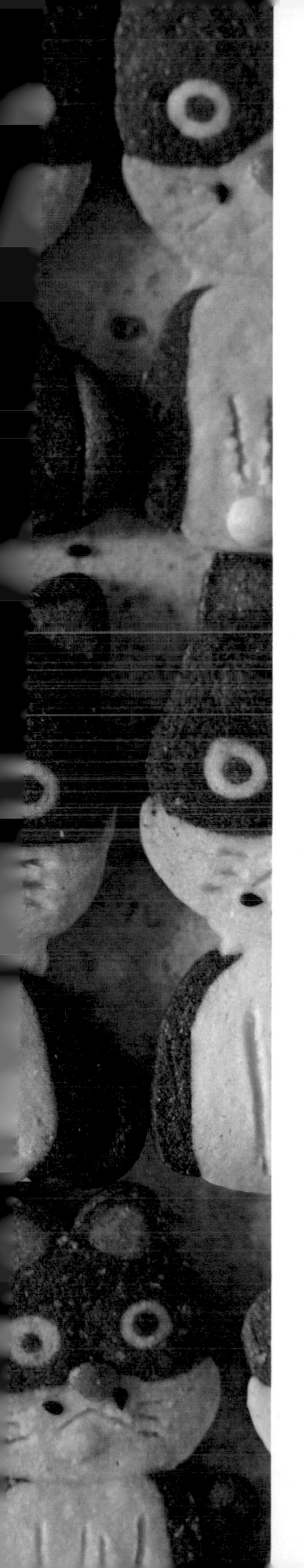

Lena 小貓餅乾

| 0.7cm | 17 片 |

170/160（10min）→ 150/150（7min）

凍後烤　糖油法

材料 INGREDIENT

【共用乳化奶蛋糊】
無鹽發酵奶油 ……………… 129g
糖粉 ……………… 97g
全蛋 ……………… 48ml

白色麵團
乳化奶蛋糊 ……………… 132g

杏仁粉 ……………… 24g
低筋麵粉 ……………… 128g

黑色麵團
乳化奶蛋糊 ……………… 128g

杏仁粉 ……………… 18g
低筋麵粉 ……………… 113g
竹碳粉 ……………… 1.4g

粉色麵團
乳化奶蛋糊 ……………… 13g

杏仁粉 ……………… 2g
低筋麵粉 ……………… 13.5g
草莓粉 ……………… 1g

其他 OTHERS

蛋白 ……………… 適量（黏著用）
手粉 ……………… 適量
芝麻 ……………… 適量

道具 TOOLS

- 硬刮板
- 擀麵棒
- 保鮮膜
- 牙籤
- 鐵刮板
- ㄩ型餅乾整型器
- 矽膠墊

[STEP 1] 糖油拌合法製作麵團（作法參考 p28），三色麵團完成後，準備如下圖。

準備道具材料

耳朵零件①–Wilton圓形花嘴12號 : 13cm/2條（粉）
眼睛零件②– Wilton圓形花嘴7號 : 13cm/2條（黑）
眼睛零件③–圓形花嘴直徑1cm : 13cm/1條（黑）

· 剩餘的白麵團、黑麵團、粉麵團，冷藏 2hr 後使用。

作法 METHODS

耳朵

[STEP 2] 耳朵零件①捏成三角形後放入冷凍，至麵團變硬（**a**）。

[STEP 3] 桿二塊厚0.2cm、長1 cm、寬3cm 的黑麵團，刷上蛋白黏上耳朵零件 ①（**b**），仔細輕壓黏合，然後放至冷凍（**c**）。

a

b

c

眼睛

[STEP 4] 桿二塊厚0.3cm、長13cm、寬2cm的白麵團，先刷上蛋白（**a**）再將眼睛零件②分別包覆起來（**b1**、**b2**）。

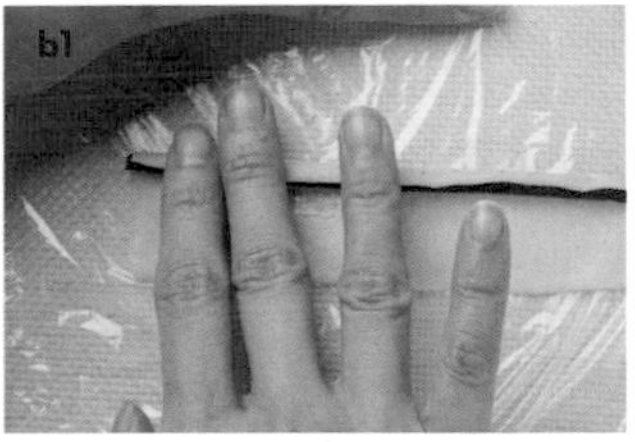

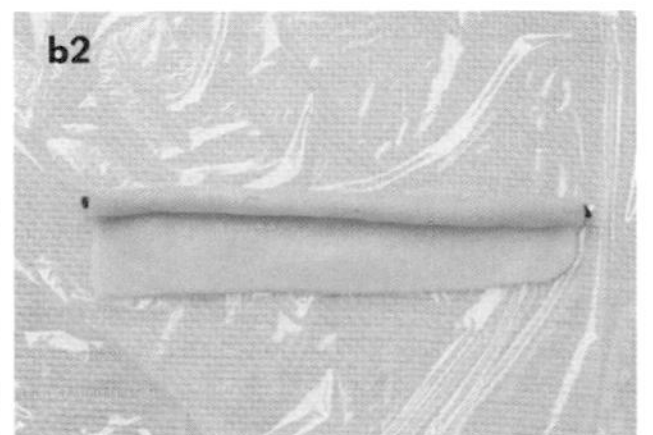

[STEP 5] 切除多餘的白麵團（**a**）接縫處滾動撫平、輕壓黏合（**b**），接著刮板沾取少許手粉，輕輕在麵團表面滾動（**c**），撫平接縫處完成後包保鮮膜放至冷凍。

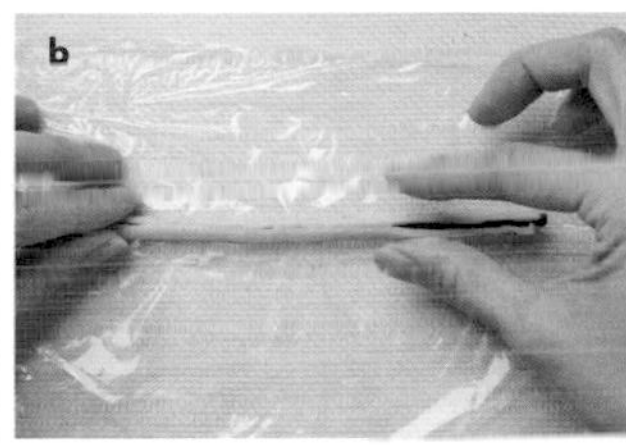

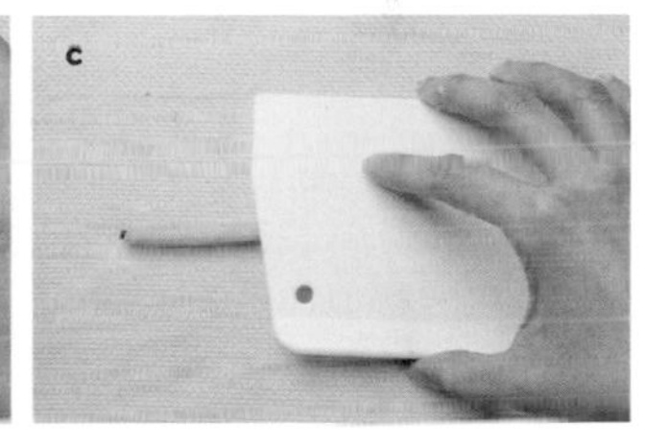

[STEP 6] 桿二塊厚0.5 cm、長13 cm、寬4cm的黑麵團，取出凍硬的step5麵團，刷上蛋白包起來（**a**），切除多餘黑麵團後接縫處滾動撫平、輕壓黏合（**b**），刮板沾取少許手粉，輕輕在麵團表面滾動（**c**），完成後包保鮮膜放至冷凍。

[STEP 7] 將眼睛零件③捏成三角形，和step6黏合時需是比較柔軟的狀態，使用前可室溫回溫5～10min。

[STEP 8] 二條眼睛對齊（**a**），step7刷滿蛋白，將三者黏合（**b**），並把頭頂修成弧形（**c**）。

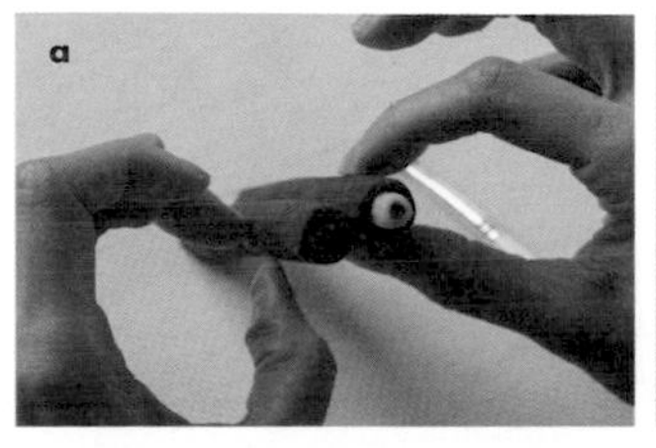

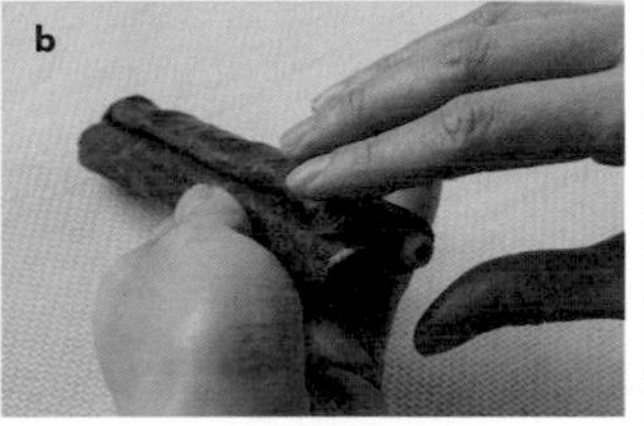

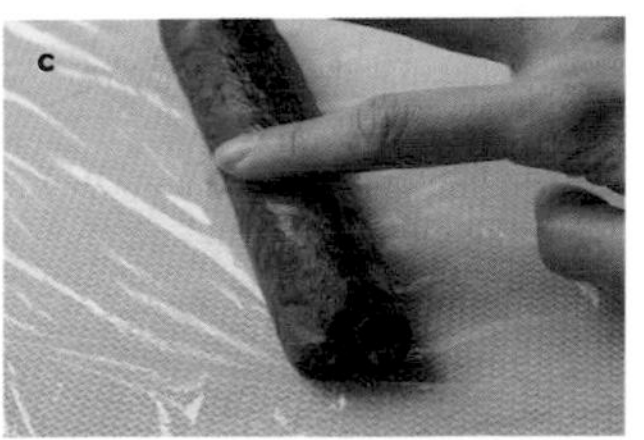

耳朵 + 眼睛

[STEP 9] 將冰硬的耳朵step3 黏在做好的眼睛step8上，接合處刷上蛋白做黏合，再送回冷凍。

[TIPS]
黏合處須完全撫平。

頭部完成

[STEP 10] 取70g白麵團整成長12cm的圓柱，用尺壓出一條中線（**a**），桿麵棒順著中線壓出兩個形狀如三角形的凹槽（**b1**、**b2**），完成後放入冷藏10min。

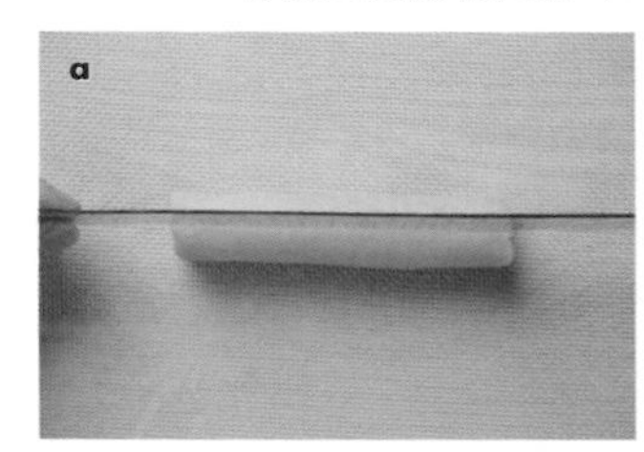

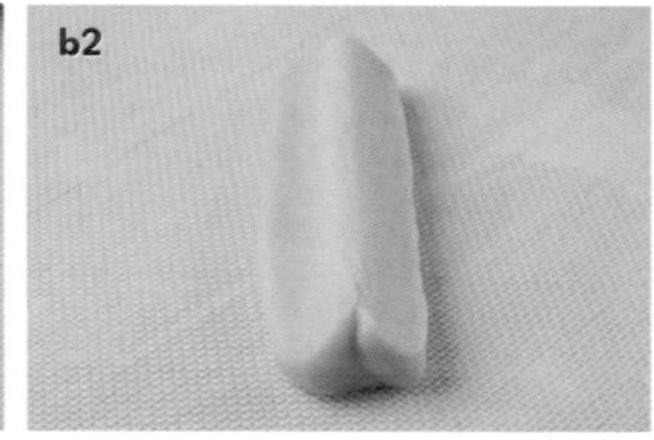

[STEP 11] 在step9底部黏上一層極薄極軟的白麵團，塞滿縫隙（**a1**、**a2**），刷上蛋白和Step10黏合後（**b**），仔細整成弧形放入冷藏（**c1**~**c3**）。

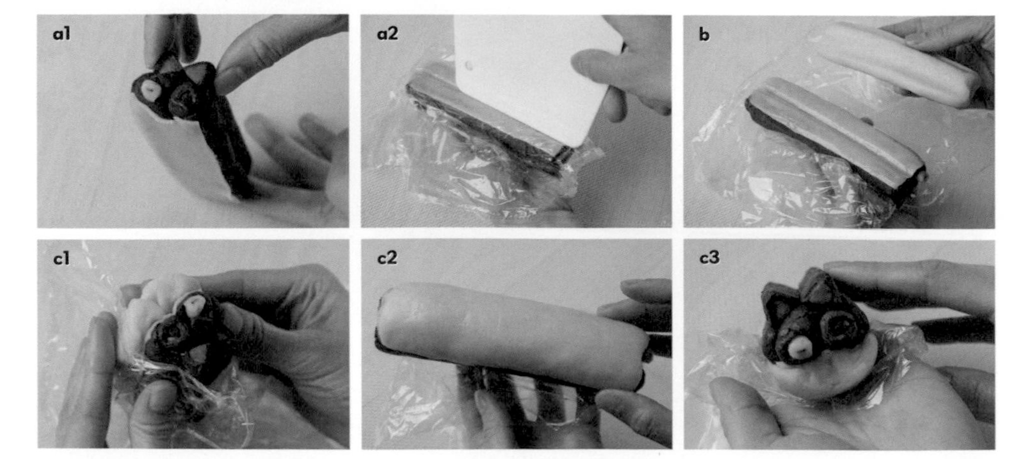

身體

[STEP 12] 白色麵團取125g，整成上底1.5cm、下底3cm、高3.5cm、長13cm的梯形，放至冷凍。

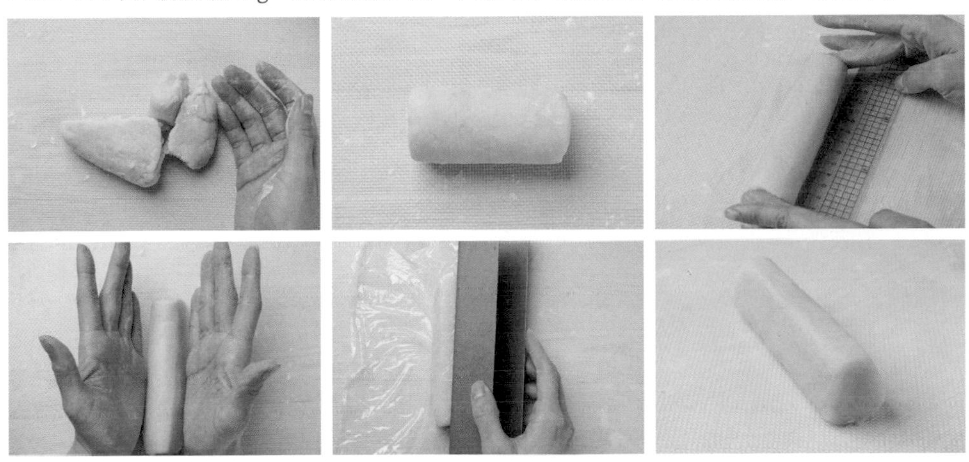

[STEP 13] 黑麵團取兩份20g桿成長方形（**a1**、**a2**），對折（**b**）、一邊壓扁（**c**）後與Step12的白色麵團黏著（**d**），左右兩側各黏一份（**e**）。

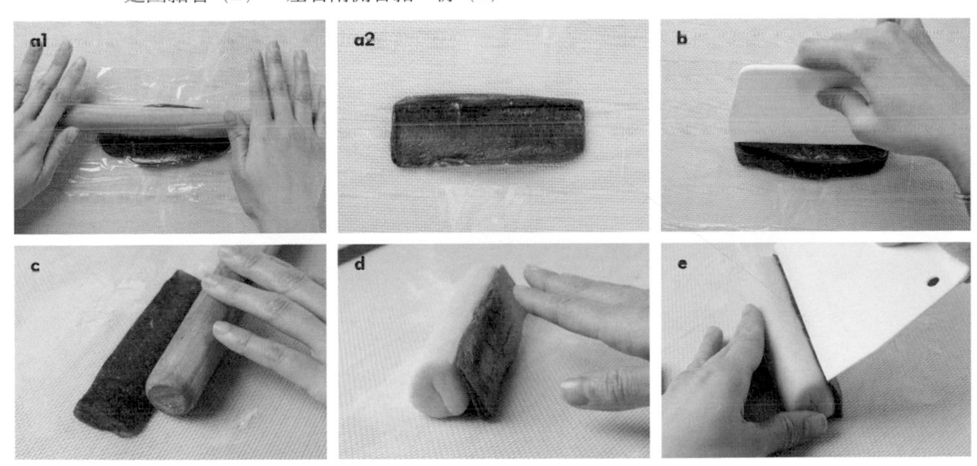

頭＋身體

[STEP 13]

身體頂端刷蛋白與頭部黏著，壓一下讓兩者確實黏合，但注意不要太用力，以免麵團變形，然後放至冷凍至麵團變硬。

[TIPS]

黏合時麵團狀態

身體硬度：有一點點柔軟度，但不易大變形。

頭硬度：極硬。

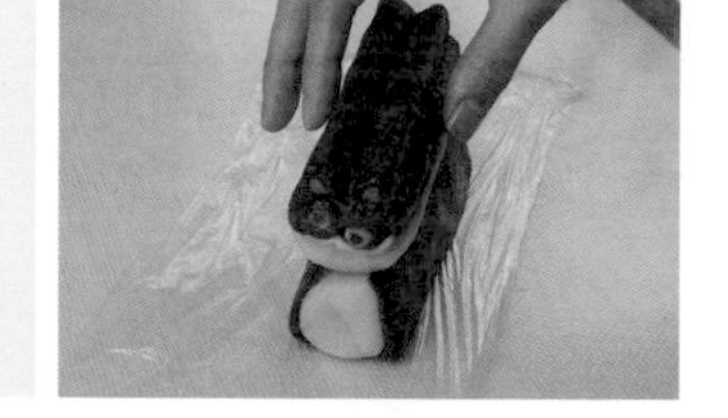

[STEP 14]

切片後，黏上鼻子、美人痣、尾巴，割出鬍鬚、嘴巴、小手。

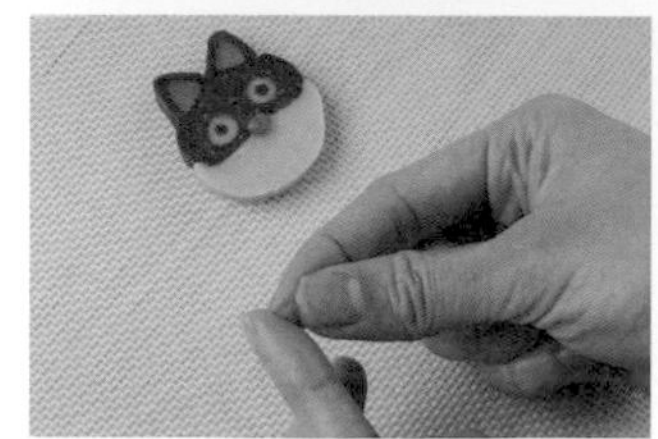

榛果鼠叔

| 9g | 15 個 |

170/160（12min）→ 160/150（6min）

凍後烤　糖油法

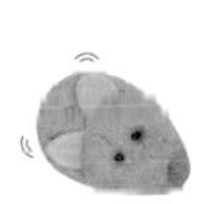

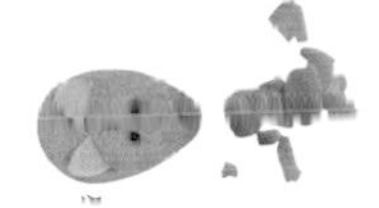

材料 INGREDIENT

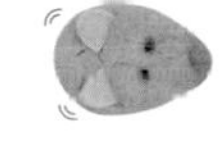

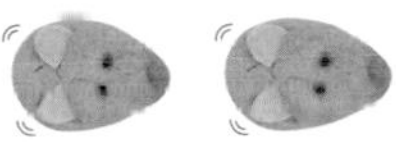

無鹽發酵奶油 ··············28g
無糖榛果醬 ··················10g

糖粉 ·····························25g

蛋黃 ·····························10ml
蛋白 ·····························3ml

榛果粉 ··························8g
低筋麵粉 ·····················60g

【裝飾】
杏仁片 ··························少許
黑芝麻 ··························少許

作法 METHODS

[STEP 1]
以糖油拌合法製作麵團（作法參考 p28），然後取9g的麵團搓成水滴型（**a**）。

[STEP 2]
眼睛搓洞黏上黑芝麻（**b**）。

[STEP 3]
在尖端黏上麵團搓小球當鼻子，插上杏仁片當耳朵（**c1**、**c2**）冷凍後烘烤。

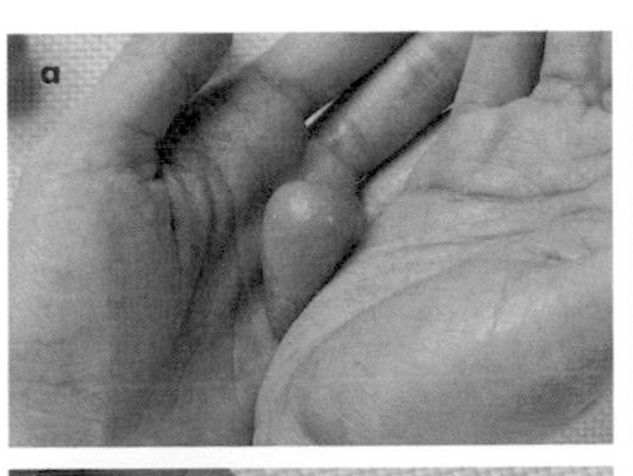
a

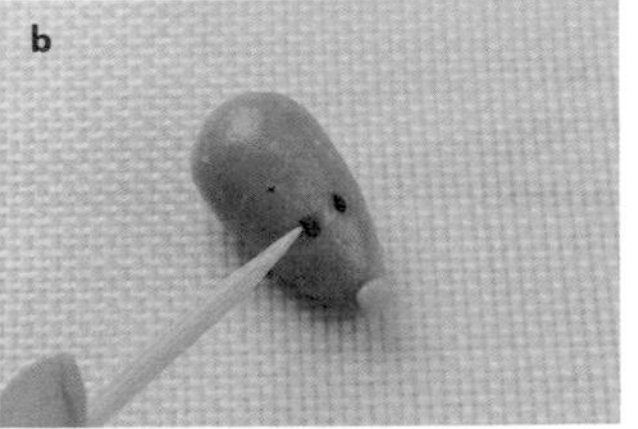
b

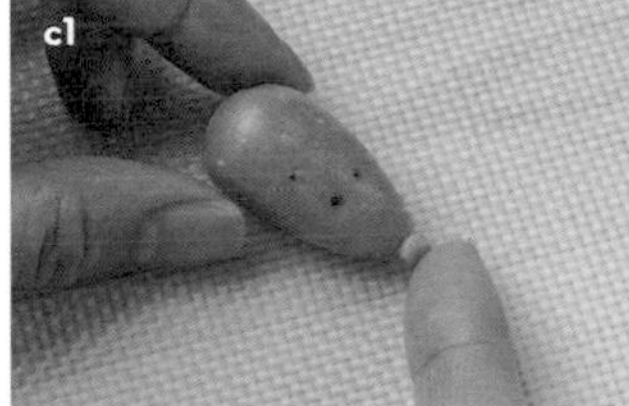
c1

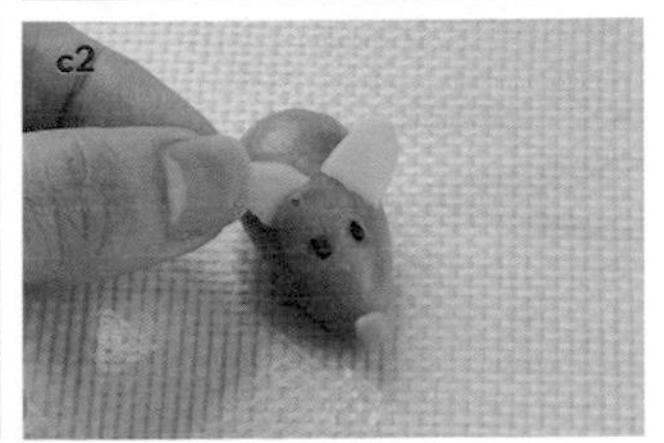
c2

夏日佛羅倫丁杏仁餅

| 長度 5x5cm | 12 個 |

塔皮烤溫 180/160（15min） 填餡烤溫 170/160（15min）

凍後烤 糖油法

材料 INGREDIENT

【塔皮麵團】

無鹽發酵奶油 …………256g
糖粉 ………………………128g
全蛋 ………………………80ml

鹽 ……………………………4g
杏仁粉 ……………………64g
全粒粉 ……………………64g
中筋麵粉…………………208g
低筋麵粉…………………64g

【杏仁牛軋】

Ⓐ
鮮奶油 ……………………30ml
細砂糖 ……………………48g
蜂蜜 ………………………12ml
海樂糖（或麥芽糖）……15g
無鹽發酵奶油 ……………45g

杏仁片 ……………………210g

芒果乾切丁 ………………15g
蔓越莓丁…………………15g
（果乾泡糖水10min，回復柔軟度。）

作法 METHODS

[STEP 1] 以糖油拌合法製作麵團（作法參考 p28），塔皮麵團桿成厚1cm、長27.5cm、寬24cm，冷藏鬆弛1hr後，在模具裡鋪烘焙紙，放入塔皮，用叉子在表面戳洞，冷凍定型後送入烤箱烘烤，完成如圖（**a**）。

[STEP 2] 將材料Ⓐ加入鍋中，煮至109度（**b**）。

[STEP 3] 關火倒入杏仁片、芒果丁、蔓越莓丁拌勻（**c**）。

[STEP 4] 倒至熟塔皮上鋪平，進烤箱二次烘烤（**d**）。

[STEP 5] 出爐後趁熱切成5cm×5cm大小的方塊（**e**）。

TAIWAN
懷舊台灣餅乾盒

餅乾容器尺寸：
長21cmX寬21cmX高4cm

集結所有最愛的古早味小點心，
台式馬卡龍牛粒、桃酥、過年必備的
掛霜核桃、鹹蛋黃風味的酥餅、杏仁瓦片，
偷偷把鳳梨酥改成法式餅乾皮，
擠上奶油霜夾餡，風味更清爽，
是最想送給國外友人認識台灣的餅乾盒。

TAIWAN

百香鳳梨奶油霜酥餅

| 厚度 0.5cm | 20 片 |

170/160（10min）→ 160/150（2min）→ 0/0（1min）

凍後烤　糖油法

材料 INGREDIENT

無鹽發酵奶油 ········· 112.5g
糖粉 ························· 45g

全蛋 ························· 27ml
蛋黃 ························· 11ml

鹽 ······························ 1g
低筋麵粉 ··················· 60g
杏仁粉 ······················ 120g
泡打粉 ······················ 2g

【裝飾】
綠色全蛋液 ··············· 適量
綠色蛋糕屑 ··············· 適量

內餡材料 INGREDIENT

【瑞士奶油霜】
蛋白 ·························· 67ml
砂糖 ·························· 49g
鹽 ······························ 2g

無鹽發酵奶油 ············ 167g

【百香鳳梨奶油霜】
瑞士奶油霜 ················ 55g

百香果泥 ··················· 15ml
土鳳梨餡 ··················· 41g
糖漿 ·························· 20.5ml

作法 METHODS

[STEP 1] 糖油拌合法製作麵團（作法參考 p28），壓成 0.5cm 放入冷凍定型，再取出壓模（**a**）。

[STEP 2] 加入適量綠色色膏在蛋液裡（**b**），拌勻刷在餅皮上（**c**），冷凍後烘烤。

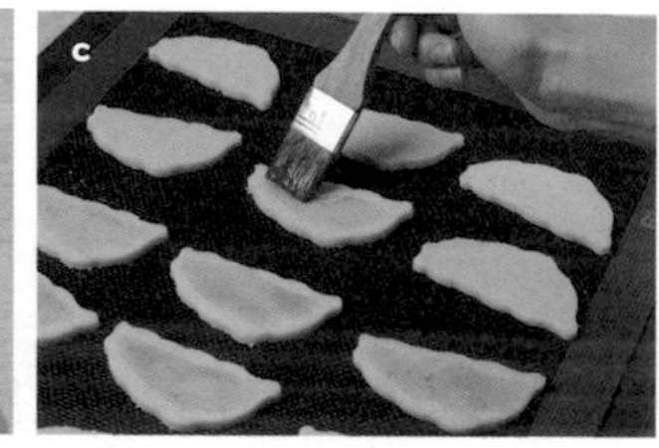

百香鳳梨奶油餡作法 METHODS

[STEP 3] 將糖漿、常溫百香果泥加入土鳳梨餡中攪拌，使質地變柔軟。

[STEP 4] 取出需要的瑞士奶油霜 55g，分次加入 step3，打至乳霜狀即可使用。

[STEP 5] 使用直徑 1cm 圓形花嘴，擠上百香鳳梨奶油餡，組成夾心餅乾。

[STEP 6]

在夾心餅乾表面薄塗一層糖漿，然後撒上抹茶風味海綿蛋糕屑，讓山峰感覺更立體。

[TIPS]

糖漿做法:糖與水2：1，煮至砂糖完全融化，放涼即可使用。

—（瑞士奶油霜作法 METHODS）—

奶油霜可以作為許多甜點內餡的基底，傳統的義式、瑞士、法式奶油霜都是用蛋白霜，加入奶油打發製成。瑞士奶油霜很適合初學者操作，只要注意水溫不要沸騰、不間斷地攪拌、奶油回溫3件事。

[STEP 1]

將砂糖加入蛋白中（**a**），邊攪拌邊隔水加熱至70度（**b1**、**b2**），電動打蛋器開高速打發至出現小尖角（**c1**、**c2**）。

a

b1

b2

c1

c2

[STEP 2]

回溫的奶油打至柔軟出現小絨毛狀（**a**），分3次加入蛋白霜，打至呈現光滑柔順的霜狀即完成瑞士奶油霜（**b1**～**b4**）。

a

b1

b2

b3

b4

掛霜核桃

材料 INGREDIENT

水 ……………………37.5ml
砂糖 ……………………75g
核桃 ……………………125g

作法 METHODS

[STEP 1] 核桃用170度，烤出香味即可出爐，烤時會依份量而有所變動。

[STEP 2] 砂糖加入水，中火煮至 121 度倒入核桃（a），仔細拌炒讓糖漿包裹住所有核桃，待包裹住核桃（b）表面的糖漿呈白色霜狀即可起鍋（c）。

a

b

c

[TIPS] 若無溫度計，也可用糖水狀態判斷

【糖水狀態】
質地偏稀，沸騰水聲大，泡泡小又多且快速消長。

【糖漿狀態】
質地變微稠，沸騰水聲小，泡泡大，如岩漿般消長趨緩。

迷你桃酥

| 12g | 18 個 |

180/160（10min）→ 170/140（5min）→ 0/0（2min）

糖油法

材料 INGREDIENT

無水奶油	60g
砂糖	37.5g
糖粉	25g
鹽	0.7g
全蛋	15ml

低筋麵粉	100g
杏仁粉	25g
B.P	0.65g
小蘇打粉	1.4g
碎核桃	35g

【裝飾】

糖漬檸檬皮	適量
碎核桃	適量

作法 METHODS

[STEP 1] 以糖油拌合法製作桃酥麵團（作法參考 p28）。

[STEP 2] 將麵團分切成12～18個約12g大小的麵團（**a**），搓成微扁圓形，用指頭在中間壓一下（**b**），貼上糖漬檸檬皮與核桃（**c**），再送進烤箱烘烤。

a

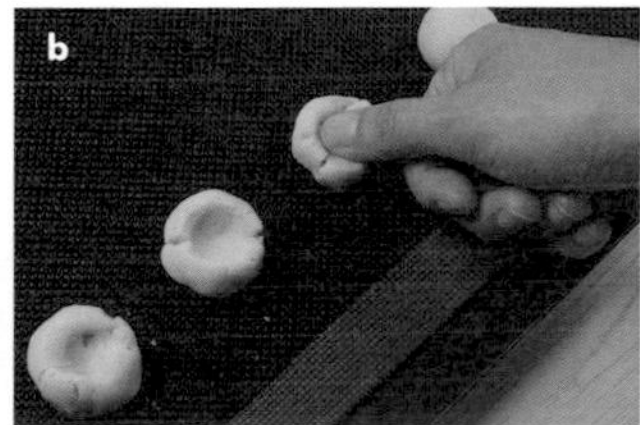
b

c

奶茶牛粒

｜直徑 3cm ｜ 36 顆｜

190/30（7min）

奶茶口味
材料 INGREDIENT

蛋黃 ······························ 40ml
砂糖 ······························ 20g

蛋白 ······························ 42ml
砂糖 ······························ 26g

低筋麵粉 ························ 54g
伯爵茶粉 ························ 1g

【奶茶夾餡】
瑞士奶油霜 ······················ 40g

濃奶茶 ··························· 10ml

*瑞士奶油霜食譜參考p95

黑糖牛粒

| 直徑 3cm | 36 顆 |

190/30 (7min)

黑糖口味
材料 INGREDIENT

蛋黃 ······ 40ml
黑糖 ······ 20g

蛋白 ······ 42ml
砂糖 ······ 26g

低筋麵粉 ······ 54g

【黑糖夾餡】
瑞士奶油霜 ······ 30g

黑糖 ······ 9g
水 ······ 10ml

*瑞士奶油霜食譜參考p95

作法 METHODS

[STEP 1]

蛋黃加入砂糖打發至蓬鬆、顏色泛白。

[STEP 2] 蛋白打出粗泡後加入砂糖，開中高速打發至乾性小尖角。

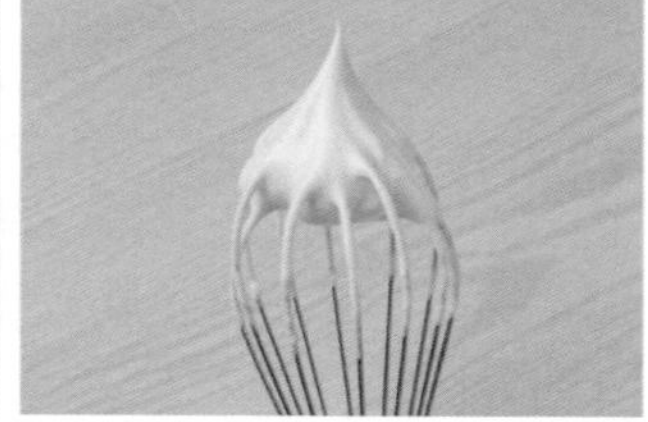

[STEP 3] 取出1/3量的蛋白，加入step1的蛋黃糊裡拌勻均質，再全部倒回step2的蛋白盆中輕柔拌勻。

[STEP 4] 分兩次加入粉類，拌至無顆粒，麵糊出現光澤感且具保型性。

[TIPS] 攪拌手法爲由內而外，不斷讓麵糊上下翻轉，輕柔混和均勻爲主。

[STEP 5] 裝入擠花袋，擠出直徑3cm的小圓（a），撒上糖粉，待糖粉返潮後，再撒第二次（b1、b2）。

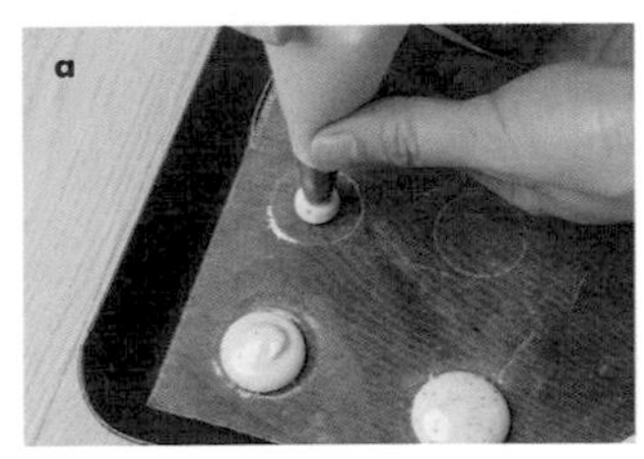

[STEP 6] 擠上奶油霜夾餡，完成牛粒。

[TIPS]
黑糖牛粒做法同奶茶牛粒。

奶茶奶油霜

* 瑞士奶油霜作法參考 p97

[STEP 1]

牛奶煮到約70～80度後關火，加入茶葉粉，不用煮至沸騰，只要煮到呈奶茶色即可關火，常溫放涼。

[STEP 2]

取40g瑞士奶油霜，將常溫奶茶分次加入奶油霜中，以電動打蛋器高速打至乳化。

黑糖奶油霜

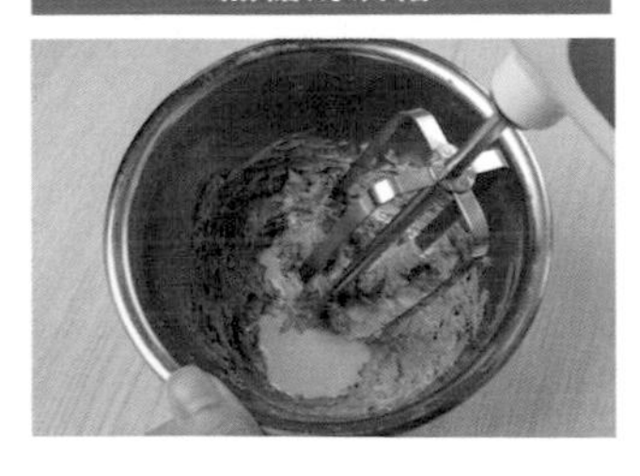

[STEP 1]

黑糖加水溶解成黑糖水。

[STEP 2]

黑糖水分次加入30g的瑞士奶油霜裡，並以電動打蛋器高速打至乳化。

鹹蛋黃三角酥

| 3.5cmX7cm | 15 片 |

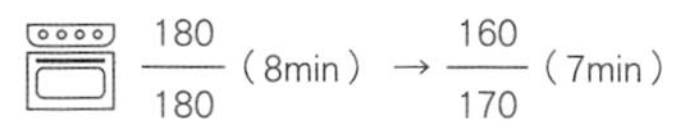

凍後烤　粉油法

材料 INGREDIENT

- 低筋麵粉 ……………………195g
- 無鹽發酵奶油………………105g
- 椒鹽 …………………………2.5g

- 全蛋……………………………60ml
- 碎鹹蛋黃………………………3 顆

做法 METHODS

[STEP 1] 生的鹹鴨蛋黃，噴上米酒去腥，放入烤箱以160度烤至全熟，表面冒滿油泡即可，約15min，放涼後切碎備用。

[STEP 2] 粉油拌合法製作麵團。（作法參考 p26）

[STEP 3] 麵團桿成長條狀（**a**），撒上約2顆鹹蛋黃的量後對折（**b**），桿成寬7cm、厚0.5cm大小（**c**），然後冷藏20min。

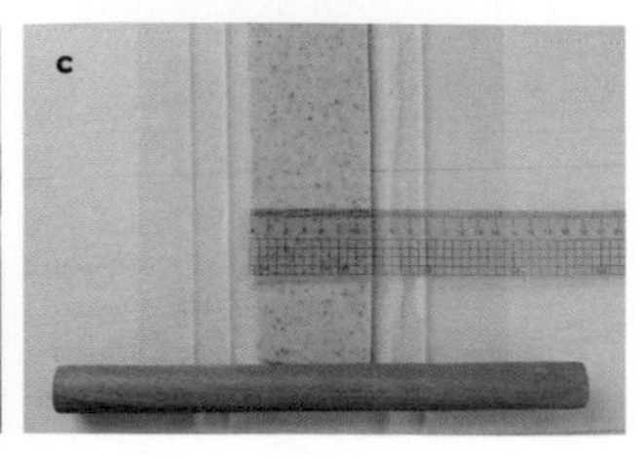

[STEP 4] 切成7cm×3.5cm的三角形（**a**），表面刷上全蛋液（**b**）撒上約1顆鹹蛋黃的量（**c**），冷凍後放入烤箱烘烤。

杏仁瓦片 | 3.5cmX7cm | 15 片 |

$\frac{150}{140}$（12min）→切片→ $\frac{170}{140}$（5～8min）

材料 INGREDIENT

蛋白 ··························95ml
糖粉 ···························80g
融化無鹽發酵奶油 ······25g
低筋麵粉 ······················25g
杏仁片 ························160g

作法 METHODS

[STEP 1] 蛋白加入過篩後的糖粉（**a**），用打蛋器拌勻後隔水加熱到40度（**b**）。

[STEP 2] 依序加入低筋麵粉、融化奶油輕盈拌勻（**c1**、**c2**）。

[STEP 3] 加入杏仁片以刮刀拌勻，冷藏30min（**d1**、**d2**）。

[STEP 4]

使用烘焙紙或矽膠墊墊底，用L型抹刀抹成寬7cm、厚0.2cm的長方形。進烤箱烤12min，趁熱取出切成底3.5cm高7cm的三角形，再回烤至杏仁片呈棕色即可。

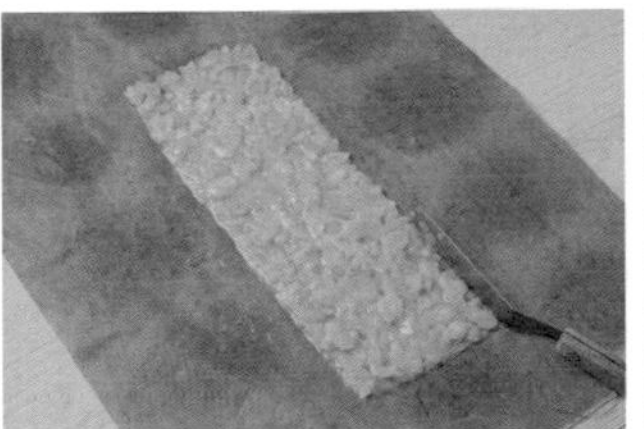
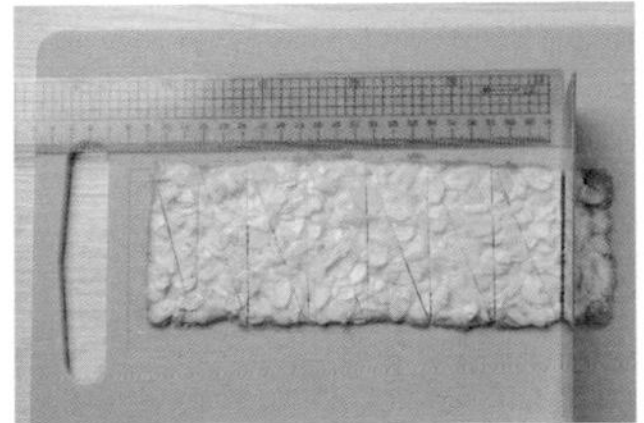

PLANET
小宇宙餅乾盒

餅乾容器尺寸：
直徑18cmX高4cm

星球餅乾是偶然在新聞上
看到流星雨、日蝕月蝕的報導有感而發，
把星球變成餅乾應該很夢幻吧。
由混色麵團做成各個星球的色系、造型紋路，
是我很喜歡的一個主題。

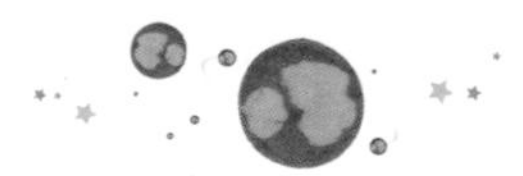

藍莓麻吉地球餅乾

｜厚度 0.2cm ｜ 10 片｜
｜模具尺寸：5.7cm 圓模｜

165/160（10min）→ 150/150（4min）

凍後烤　糖油法

材料 INGREDIENT

【共同奶油糖粉糊】
- 無鹽發酵奶油……45g
- 糖粉……27g

烘焙用小圓麻吉……2.5 顆

藍色麵團
- 奶油糖粉糊……53g
- 蛋黃……9ml
- 蝶豆花粉＋水…1.5g+1.5ml
- 奶粉……3g
- 低筋麵粉……57g
- 藍莓果醬……7g

綠色麵團
- 奶油糖粉糊……18g
- 蛋黃……3ml
- 奶粉……1g
- 抹茶粉……0.5g
- 低筋麵粉……24g

作法 METHODS

[STEP 1] 製成奶油糖粉糊，依食譜分配比例，再以糖油拌合法製作成麵團（作法參考 p28）。

[STEP 2] 藍色麵團桿成厚0.2cm，用圓模輕壓出位置（a），一半黏上綠色麵團（b），接著將麵團桿開（c），放入冷凍定型後再取出壓模。

[STEP 3] 麻吉桿成扁平狀（d1、d2），平均切成4塊（e）。

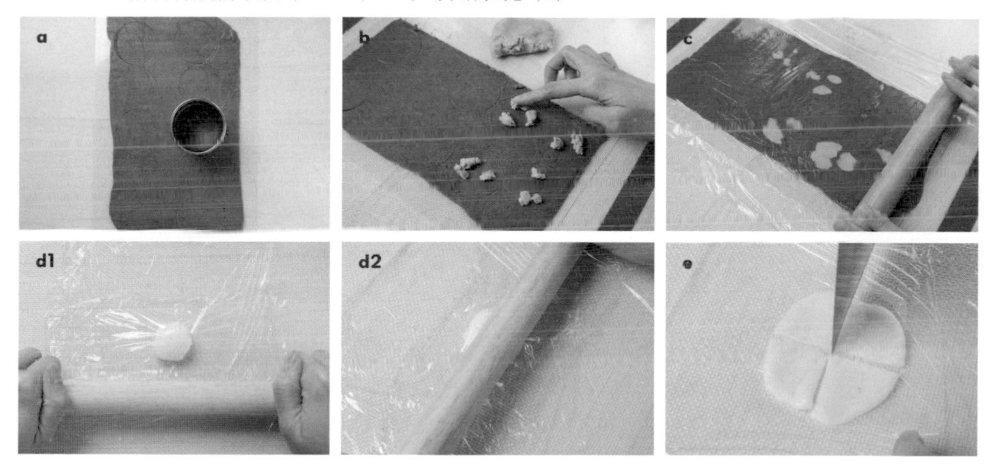

[STEP 4] 1/4片麻吉放在step2的藍色麵團上，邊緣塗蛋白，取有藍綠兩色的麵團蓋住，輕壓邊緣將兩片麵團黏住。將成品冷凍直到變硬，再取出烘烤。

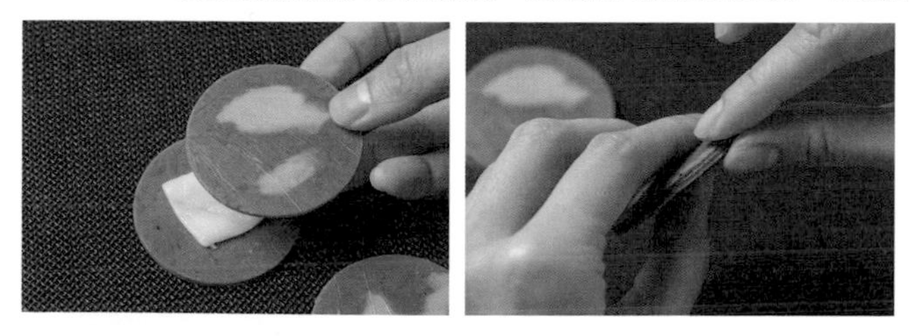

蝶豆花水星酥餅

｜厚度 1cm ｜ 9 片｜
｜模具尺寸：4.8cm 圓模｜

$\frac{180}{170}$（10min）→ $\frac{170}{150}$（6min）→ $\frac{0}{0}$（3min）

凍後烤　糖油法

材料 INGREDIENT

【共同奶油糖粉糊】

- 無鹽發酵奶油……………45g
- 糖粉………………………17g

白色麵團

- 奶油糖粉糊………………31g
- 低筋麵粉…………………15g
- 中筋麵粉…………………15g

藍色麵團

- 奶油糖粉糊………………31g
- 蝶豆花粉+水…0.3g+0.8ml
- 中筋麵粉…………………15g
- 低筋麵粉…………………15g

作法 METHODS

[STEP 1]

製作成奶油糖粉糊後，依照食譜分配比例，再以糖油拌合法製作成麵團（作法參考 p28）。

[STEP 2]

混和藍、白麵團並桿開，冷藏休息30min後放入冷凍，待麵團冷凍定型再取出壓模。

[STEP 3]

邊緣塗上蛋白，滾細砂糖後送入烤箱。

義式香料起士火星餅乾

｜厚度 0.3cm ｜ 16 片｜
｜模具尺寸：4.9cm 圓模｜

上火/下火	時間
170/160	(12min) →
160/150	(4min) →
0/0	(2min)

凍後烤　糖油法

材料 INGREDIENT

【共同奶油糖粉糊】
- 無鹽發酵奶油……75g
- 糖粉……15g

【裝飾】
- 紅椒粉……適量

紅色麵團
- 奶油糖粉糊……00g
- 番茄醬……8g
- 杏仁粉……15g
- 中筋麵粉……50g
- 紅椒粉……0.4g
- 義式香料……0.4g
- 黑胡椒……0.8g
- 鹽……2g

白色麵團
- 奶油糖粉糊……30g
- 全蛋……8ml
- 杏仁粉……7g
- 低筋麵粉……25g
- 起士粉……10g

作法 METHODS

[STEP 1]
奶油和糖粉拌勻，依照食譜分配奶油糖粉糊，再以糖油拌合法製作成麵團（作法參考 p28）。

[STEP 2]
混和紅、白麵團後桿開，放入冷凍定型再取出壓模（a1～a3）。

[STEP 3]
烘烤前撒上紅椒粉作裝飾（b）。

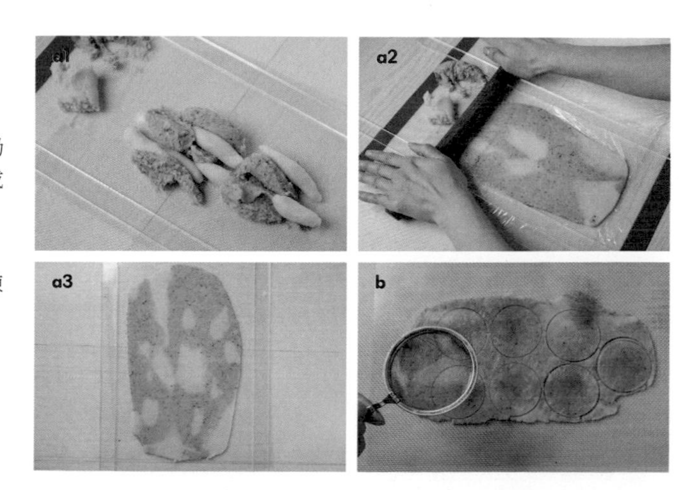

芝麻巧克月球餅乾

| 厚度 0.3cm | 12 片 |
| 模具尺寸：4cm 圓模 |

170/160（10min）→ 150/150（4min）

凍後烤　粉油法

材料 INGREDIENT

- 低筋麵粉……65g
- 杏仁粉……5g
- 玉米粉……10g
- 糖粉……35g
- 芝麻粉……8g
- 鹽……1g

- 沙拉油……30ml
- 牛奶……15ml

【裝飾】

免調溫白巧克力……適量

—(作法 METHODS)—

[STEP 1]

所有粉類用手輕捏均勻。

[STEP 2] 鋼盆底部清空，加入沙拉油（**a**），用手輕搓讓油脂能包覆所有粉類，整體粉質變成砂狀（**b1**、**b2**）。

[STEP 3] 加入牛奶後用捏的方式，讓麵團吸收直到成團後桿成0.3cm薄片（**c1**、**c2**），放入冷凍定型再取出壓模（**d**），接著送進烤箱烘烤。

[TIPS]

完成的麵團應該是結實的，
撥開也不掉屑，若會掉屑，
可再加點牛奶調整麵團濕度。

[STEP 4]

餅乾放涼後，融化巧克力，拿餅乾沾附巧克力，置於烘焙紙或矽膠墊上待乾即可。

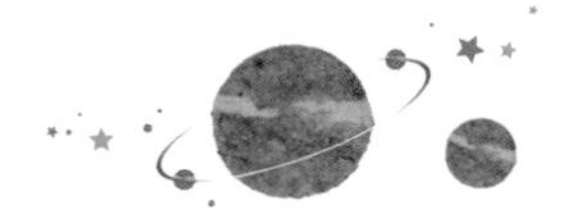

椰奶咖哩金星脆餅

｜厚度 0.3cm ｜ 12 片｜
｜模具尺寸：5.7cm 圓模｜

$\frac{170}{160}$（13min）→ $\frac{160}{150}$（4min）→ $\frac{0}{0}$（3min）

凍後烤　粉油法

材料 INGREDIENT

白色麵團
- 低筋麵粉……30g
- 糖粉……4g
- 椰奶粉……7g

沙拉油……12ml

黃色麵團
- 中筋麵粉……50g
- 杏仁粉……10g
- 咖哩粉……3g
- 起士粉……5g
- 椒鹽……2g
- 糖粉……5g

沙拉油……25ml
蛋白……9ml
洋蔥丁……20g

做法 METHODS

[STEP 1] 粉油拌合法製作黃色和白色麵團（作法參考 p26）。

[STEP 2] 混和黃、白麵團後桿成0.3cm的薄片，放入冷凍定型再取出壓模，接著送進烤箱烘烤。

伯爵焦糖肉桂木星餅乾

｜厚度 0.3cm ｜ 12片｜
｜模具尺寸：6.4cm 圓模｜

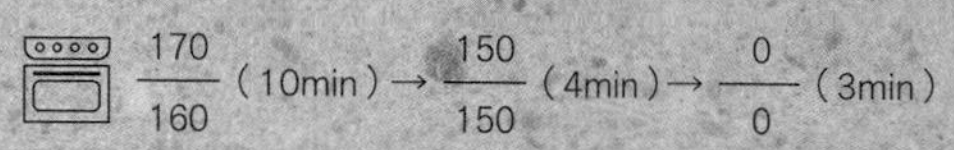

$\frac{170}{160}$（10min）→ $\frac{150}{150}$（4min）→ $\frac{0}{0}$（3min）

凍後烤　糖油法

材料 INGREDIENT

【共同奶蛋糖粉糊】
- 無鹽發酵奶油 50g
- 糖粉 25g
- 全蛋 12.5ml

【伯爵麵團】
- 奶蛋糖糊 35g

- 低筋麵粉 27g
- 唐寧伯爵茶粉 0.5g
- 杏仁粉 5g

【肉桂麵團】
- 奶蛋糖糊 17.5g

- 肉桂粉 0.6g
- 杏仁粉 3g
- 低筋麵粉 15g

【焦糖麵團】
- 奶蛋糖糊 35g

- 焦糖水 3ml
- 海鹽 1.5g
- 杏仁粉 4g
- 低筋麵粉 35g

（焦糖水）
- 砂糖 26g
- 水 13ml
- 熱水 26ml

作法 METHODS

[STEP 1] 焦糖煮成咖啡色後，加入熱水變成焦糖水，放涼備用。

> **[TIPS]**
> ❶ 煮糖時勿攪拌，只能輕輕搖晃鍋子。
> ❷ 糖液變色前可用大火，開始變色則轉小火。
> ❸ 糖液變色後，一但冒煙立刻離開火源才不會燒焦。

[STEP 2] 依照食譜份量分配奶蛋糖粉糊，再以糖油拌合法製成3種麵團（作法參考 p28）。

[STEP 3] 混和三色麵團後桿成0.3cm薄片，放入冷凍定型取出壓模，再送進烤箱烘烤。

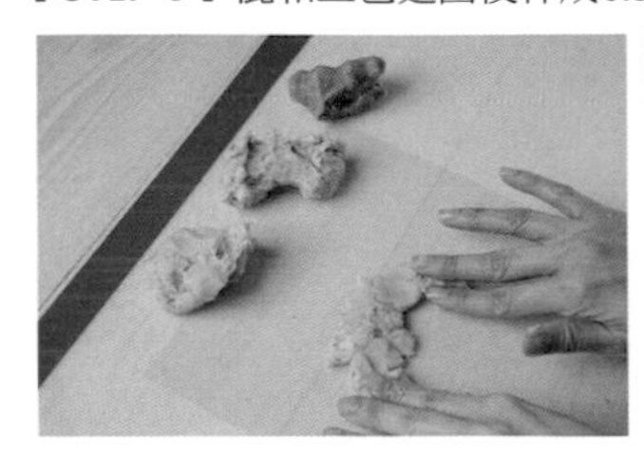

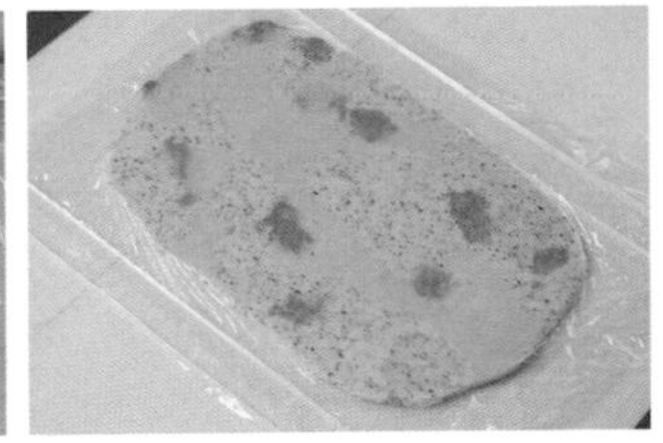

百香芒果流星餅乾

｜厚度 0.3cm ｜ 15 片｜

｜模具尺寸：星星壓模 2.5cm ｜花嘴：花籃花嘴 46 號｜

170/150（8min）→ 140/140（3～5min）

凍後烤　糖油法

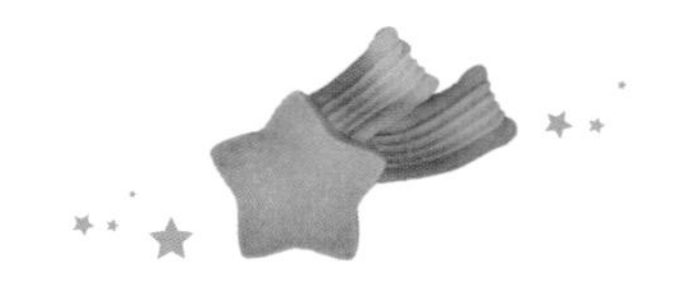

材料 INGREDIENT

【共同奶油糖粉糊】
- 無鹽發酵奶油…………68g
- 糖粉…………35g

【星星麵團】
- 奶油糖粉糊…………45g
- 芒果泥…………4g
- 全蛋…………5ml
- 芒果粉…………5g
- 低筋麵粉…………53g

【流星尾巴】
- 奶油糖粉糊…………34g
- 百香果泥…………6ml
- 全蛋…………6ml
- 低筋麵粉…………34g

作法 METHODS

[STEP 1] 奶油和糖粉拌勻，依照食譜份量分配比例，再以糖油拌合法製作成2種麵團（作法參考 p28）。

[STEP 2] 星星麵團桿壓成0.3cm薄片，放入冷凍定型再取出壓模（**a1**、**a2**）。

[STEP 3] 流星麵團完成後，裝入擠花袋在鐵板上擠出造型（**b**）。

[STEP 4] 將星星麵團黏在流星麵團上，冷凍定型後即可放入烤箱烘烤（**c1**、**c2**）。

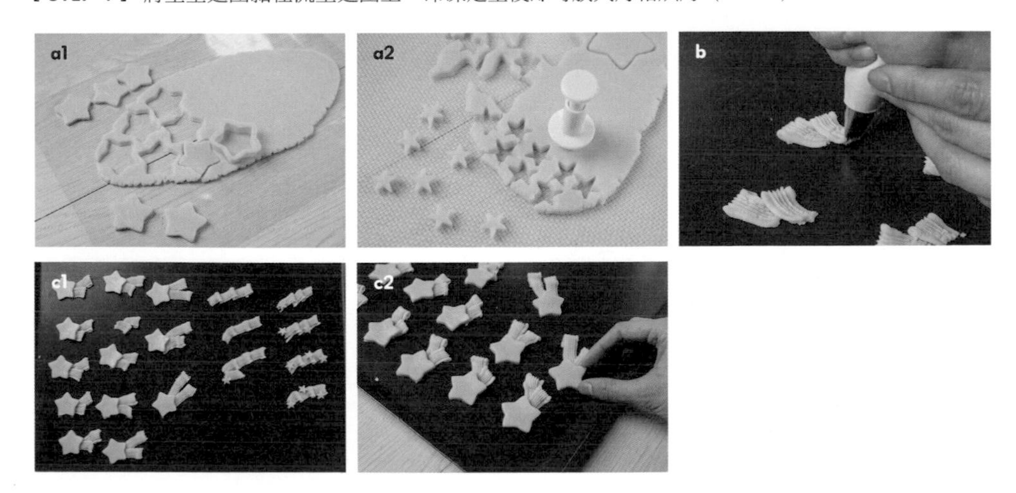

小泰陽巧克芒果餅乾

｜模具：三箭牌羅蜜雅花嘴薄款｜ 15片｜

150/150（12min）

凍後烤　糖油法

材料 INGREDIENT

無鹽發酵奶油⋯⋯⋯⋯30g
糖粉⋯⋯⋯⋯⋯⋯⋯⋯⋯37g

泰國紅茶液⋯⋯⋯⋯⋯15ml
（3g泰式紅茶粉+30ml沸水）

中筋麵粉⋯⋯⋯⋯⋯⋯45g
杏仁粉⋯⋯⋯⋯⋯⋯⋯25g
玉米粉⋯⋯⋯⋯⋯⋯⋯10g

【裝飾】
免調溫白巧克力⋯⋯⋯少量
芒果乾切丁⋯⋯⋯⋯⋯少量

作法 METHODS

[STEP 1] 以糖油拌合法製作麵團（作法參考 p28）。

[STEP 2] 麵團裝入擠花袋，手需360度包覆擠花袋以均一力道擠出，才能讓麵團均勻往外推展（a），擠完冷凍定型後，送進烤箱烘烤。

[STEP 3] 烤完放涼排列在矽膠墊上，融化巧克力，裝入擠花袋，在餅乾中空處擠入巧克力（b），撒上芒果乾（c），然後靜置待乾。

a

b

c

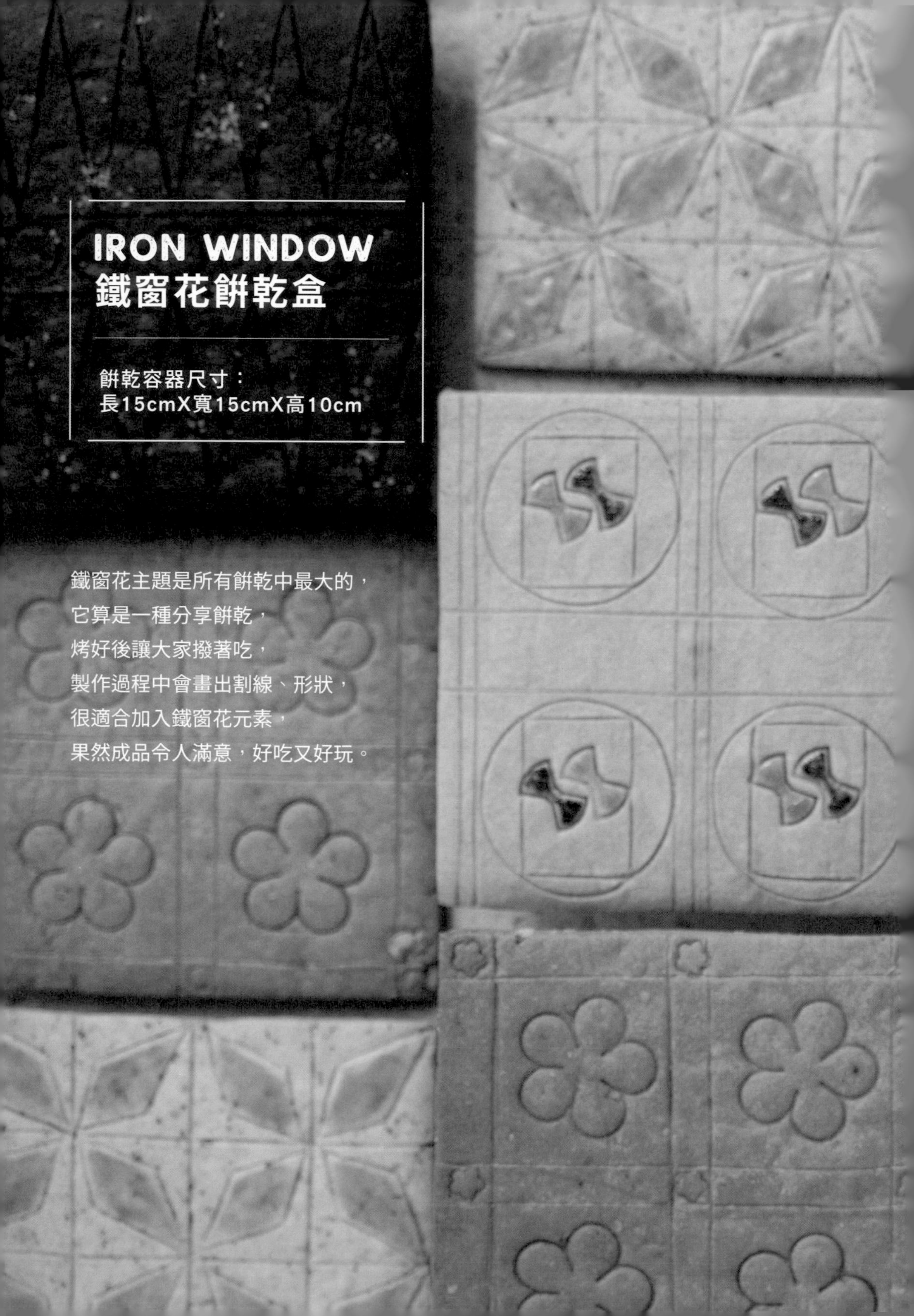

IRON WINDOW
鐵窗花餅乾盒

餅乾容器尺寸：
長15cmX寬15cmX高10cm

鐵窗花主題是所有餅乾中最大的，
它算是一種分享餅乾，
烤好後讓大家撥著吃，
製作過程中會畫出割線、形狀，
很適合加入鐵窗花元素，
果然成品令人滿意，好吃又好玩。

伯爵奶茶窗花餅乾

| 厚度 0.5cm x13cm x13cm | 4 片 |

170/160（15min）→ 160/150（5min）

凍後烤　糖油法

材料 INGREDIENT

無鹽發酵奶油 ············132g
糖粉 ·····························90g
全蛋 ·····························75ml

唐寧伯爵茶粉 ············4.8g
杏仁粉 ··························24g
低筋麵粉 ····················252g

【裝飾】
蛋黃液 ·······················少量

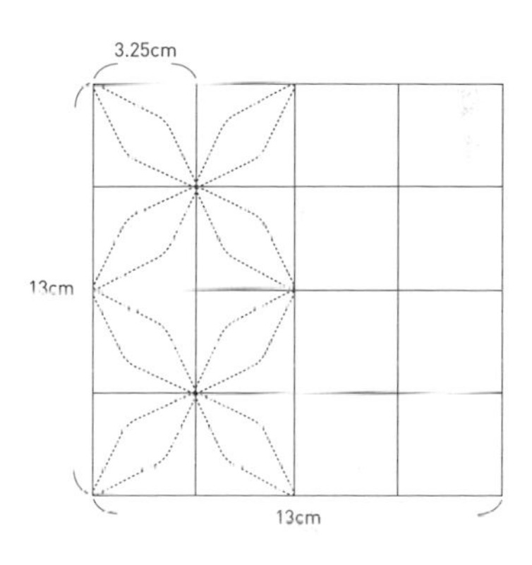

作法 METHODS

[STEP 1]
以糖油拌合法製作麵團（作法參考p28），麵團完成均分兩份，桿成厚度0.5cm，13cm×26cm兩份，冷藏1hr。

[STEP 2]
用鋁片凹一個ㄑ型作爲模具（**a**）。

[STEP 3]
麵團切成13cm×13cm 的方塊，用ㄑ型模具畫出線條、切割點（**b**）。

[STEP 4]
用順手的器具，加深紋路（**c**）。

[STEP 5]
冷凍後在紋路上塗上蛋黃液（**d**）。5min後待表面蛋液乾了，再刷上第二層，即可送回冷凍冰硬後再烘烤。

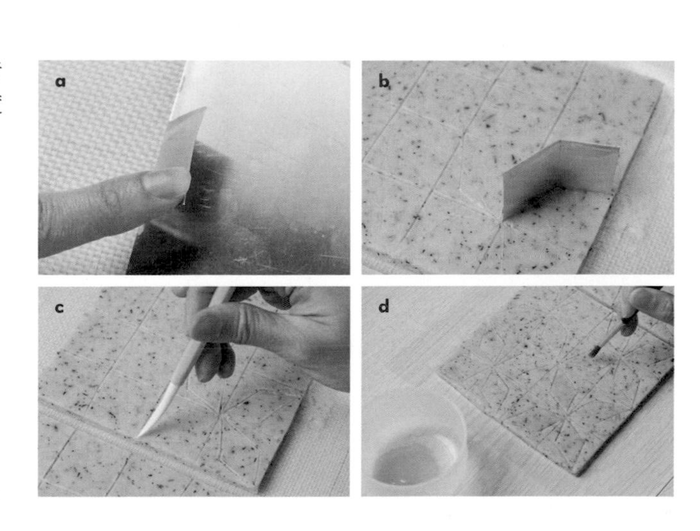

柚子胡椒味噌
窗花餅乾

｜厚度 0.5cm x13cm x13cm ｜ 4片｜
｜模具：造型模具｜

170/160（12min）→ 160/150（4min）→ 0/0（3min）

凍後烤　糖油法

（材料 INGREDIENT）

- 無鹽發酵奶油 ⋯⋯149g
- 糖粉 ⋯⋯59.5g
- 全蛋 ⋯⋯43ml

- 柚子胡椒 ⋯⋯18g
- 味噌 ⋯⋯19g

- 泡打粉 ⋯⋯2.8g
- 低筋麵粉 ⋯⋯297g
- 黑白芝麻 ⋯⋯15g

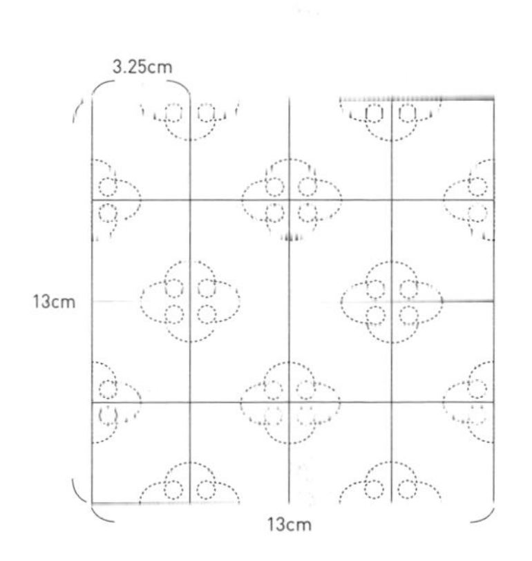

（做法 METHODS）

[STEP 1] 以糖油拌合法製作麵團（作法參考p28），並將麵團均分兩份，桿成約13cm×26cm兩份，放入冷藏1hr。

[STEP 2] 取出麵團切成13cm×13cm的方塊（**a**），分別用用刮刀、模具，切割出花紋（**b**）。

[STEP 3] 使用順手的器具加深紋路後，放入冷凍至麵團變硬後烘烤。

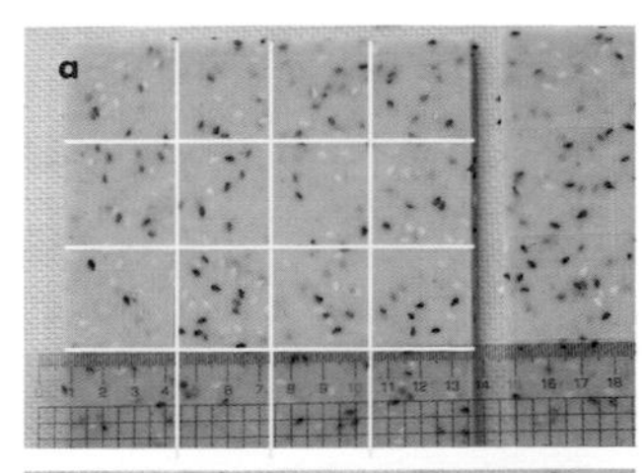

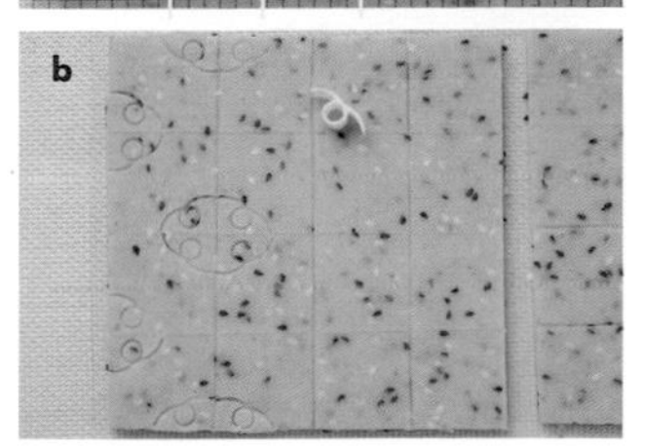

椒香楓糖窗花餅乾

| 厚度 0.5cm x13cm x13cm | 4片 |
| 模具：小花造型模具一大一小 |

$\frac{170}{160}$（15min）→ $\frac{160}{150}$（4min）→ $\frac{0}{0}$（3min）

凍後烤　粉油法

材料 INGREDIENT

- 低筋麵粉 ……310g
- 糖粉 ……35g
- 紅椒粉 ……5g
- 鹽 ……1.5g
- 切碎榛果 ……25g

沙拉油 ……87ml

楓糖 ……94ml
牛奶 ……28ml

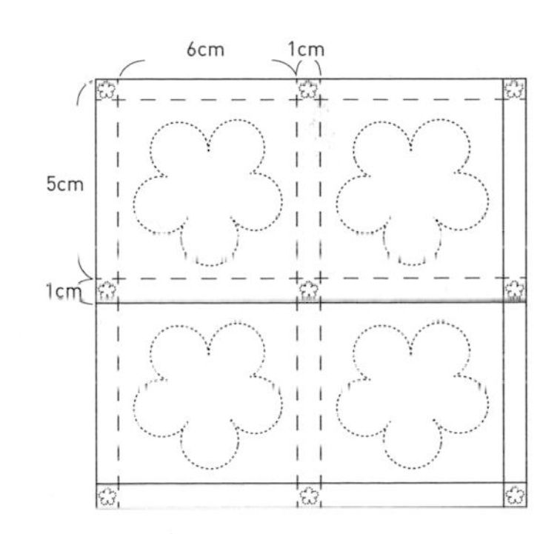

做法 METHODS

[STEP 1]
粉油拌合法製作餅皮（作法參考 p26），並將麵團均分兩份，桿成約13cm×26cm，放入冷藏1hr。

[STEP 2]
取出麵團切成13cm×13cm的方塊（**a**），分別用刮刀、模具，壓割出花紋（**b1**～**b3**）。

[STEP 3]
使用順手的器具加深紋路後，放入冷凍至麵團變硬後烘烤。

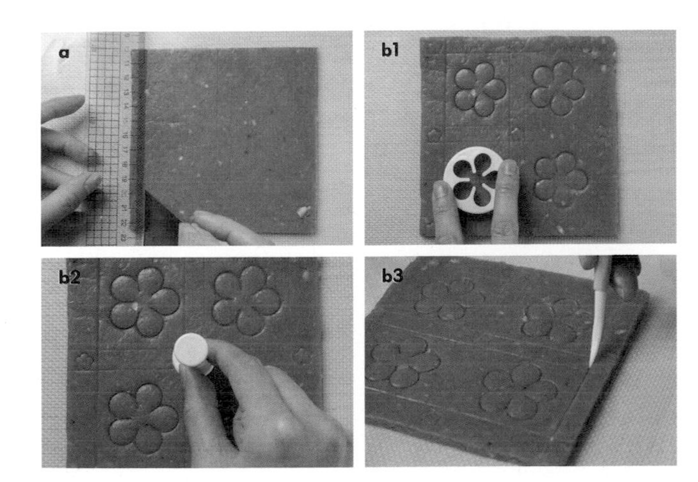

松露黑巧克力
窗花餅乾

｜厚度 0.5cm x13cm x13cm ｜ 4 片｜
｜模具：眼鏡造型模具｜

$\frac{170}{160}$（13min）→ $\frac{160}{150}$（4min）→ $\frac{0}{0}$（3min）

凍後烤　糖油法

材料 INGREDIENT

無鹽發酵奶油 ……124g
糖粉 ……70g
融化 60% 苦甜巧克力 ……70g

無糖可可粉 ……23g
低筋麵粉 ……227g
松露鹽 ……1.5g
70% 苦甜巧克力丁 ……54g

【裝飾】
松露鹽 ……少量

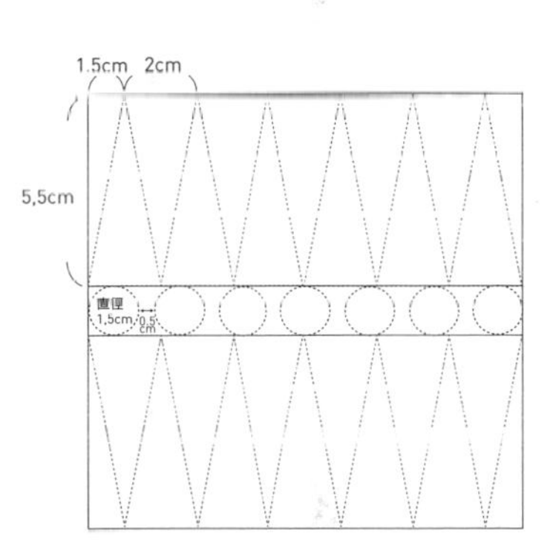

做法 METHODS

[STEP 1] 糖油拌合法製作麵團（作法參考p28），並將麵團均分兩份，桿成約13cm×26cm大小兩份後，放入冷藏1hr。

[STEP 2] 取出麵團切成13cm×13cm的方塊，用刮刀畫出線條、切割點（**a**）。

[STEP 3] 使用順手的器具加深紋路後，放入冷凍至麵團變硬後烘烤（**b**）。

a

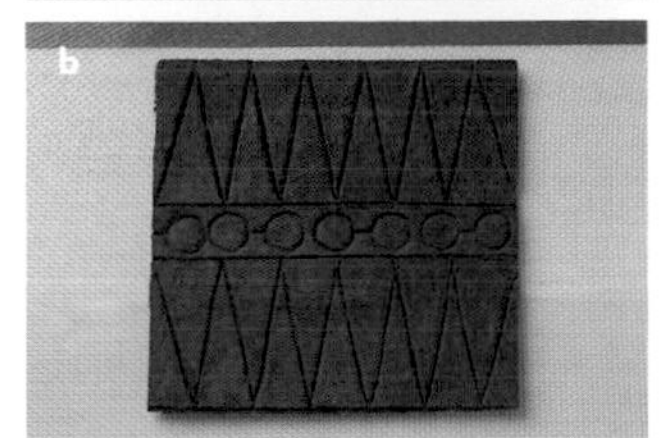
b

蜂蜜肉桂窗花餅乾

｜厚度 0.5cm x13cm x13cm ｜ 4片｜
｜模具尺寸：5cm 圓模、蝴蝶結型壓模｜

170/160（15min）→ 160/150（8min）→ 0/0（2min）

凍後烤　糖油法

材料 INGREDIENT

無鹽發酵奶油 …………120g
糖粉 …………60g

肉桂粉 …………1.8g
低筋麵粉 …………300g

蛋黃 …………24ml
蜂蜜 …………48ml

【裝飾】
藍莓果醬 …………少許
草莓果醬 …………少許

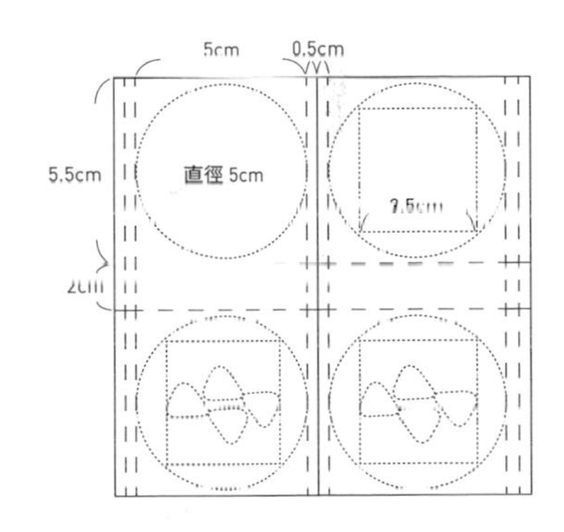

做法 METHODS

[STEP 1]
糖油拌合法製作餅皮（作法參考 p28），並將麵團均分兩份，桿成約13cm×26cm大小，放入冷藏1hr。

[STEP 2]
取出麵團切成13cm×13cm的方塊，畫出線條、切割點並用模具壓花紋（a1、a2）。

[STEP 3]
使用順手的器具加深紋路（b）。

[STEP 4]
局部塗上果醬後（c），放入冷凍至麵團變硬取出，放入烤箱。

a1

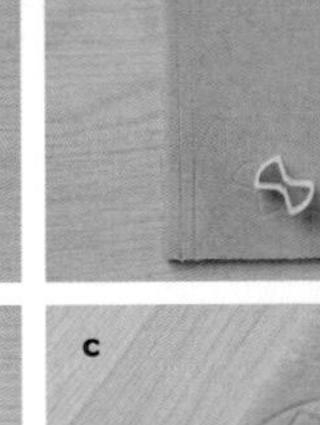
a2

b

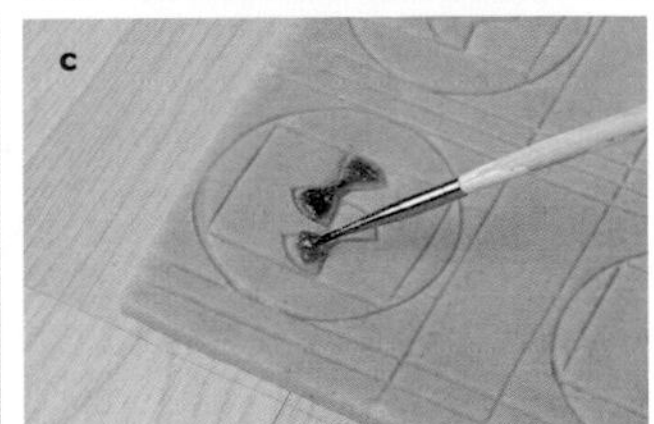
c

LOVE LETTER
情書餅乾盒

餅乾容器尺寸：
長18.5cmX寬18.5cmX高4.5cm

這盒餅乾有兩個充滿愛的元素，
一個是用糖霜畫成的情書餅乾，
一個是在日本告白時的重要代表「鈕扣」，
搭配粉紅色系的夾心餅、馬林糖、切片餅乾，
組成一盒心意滿滿的告白巨作。

草莓甘納許夾心餅
百香果糖霜餅乾

｜厚度 0.3cm ｜ 8 組｜模具尺寸：愛心模 6cm+4cm ｜

170/160（12min）→ 160/150（3～5min） 凍後烤 糖油法

材料 INGREDIENT

無鹽發酵奶油 ⋯⋯⋯⋯113g
糖粉 ⋯⋯⋯⋯40g

鹽 ⋯⋯⋯⋯1g
低筋麵粉 ⋯⋯⋯⋯160g
玉米粉 ⋯⋯⋯⋯21g

【百香果糖霜】
糖粉 ⋯⋯⋯⋯40g
百香果果泥 ⋯⋯⋯⋯7ml

【草莓甘納許夾心】
法芙娜奇想草莓調溫巧克力 ⋯⋯96g
鮮奶油 ⋯⋯⋯⋯32ml

【裝飾】
免調溫白巧克力 ⋯⋯⋯⋯適量
開心果碎屑 ⋯⋯⋯⋯適量
乾燥草莓乾 ⋯⋯⋯⋯適量

兩用餅乾麵團作法 METHODS

[STEP 1] 以糖油拌合法製作麵團（作法參考 p28），接著將麵團均分成兩份，並桿至厚度0.3cm，放入冷藏1hr後轉冷凍。

[STEP 2] 麵團冰到堅硬再壓模，壓模後冷凍變硬，再烘烤。

[壓模 TIPS]

夾心餅組成
中空大愛心餅乾×1個＋大愛心餅乾×1個。
壓模以空心＋實心2片一組，以免落單無法組裝。

百香果糖霜餅組成
中空愛心餅的小愛心部分。

兩用餅乾麵團1

百香果糖霜餅乾

[STEP 1]

百香果泥加入過篩的糖粉拌至泛白，為避免乾燥，不使用時蓋上保鮮膜（作法參考p65檸檬糖霜餅乾）。

[STEP 2]

趁剛出爐，將百香果糖霜刷在小愛心餅乾上，常溫冷卻乾燥。

[STEP 3]

白巧克力融化後裝入一次性擠花袋，擠上線條（**a**），再灑上些許開心果做點綴（**b**）。

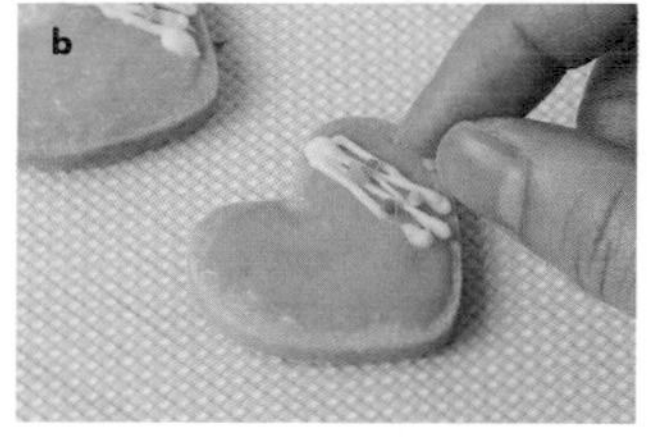

兩用餅乾麵團 2

草莓甘納許夾心餅

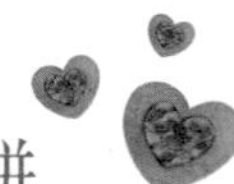

[STEP 1] 隔水加熱融化巧克力備用（**a**）。

[STEP 2] 鮮奶油煮至邊邊冒小泡泡約70～80度後，倒入巧克力中，靜置1min（**b**）。

[STEP 3] 刮刀輕壓，畫圓攪拌至出現光澤感，做成甘納許（**c1**～**c3**）。

[STEP 4] 冷藏20min，使用電動攪拌器，打發到泛白（**d1**、**d2**）。

[STEP 5] 使用一次性擠花袋裝入甘納許，擠在餅乾上，蓋上餅乾上蓋，撒上草莓乾即可（**e1**～**e3**）。

[TIPS] 組裝完保存請放保鮮盒，密封冷藏。

提拉米蘇鈕扣餅乾

｜厚度 0.3cm ｜ 20 片｜
｜模具尺寸：圓模直徑 3cm、2.5cm ｜

170/160（12min）→ 160/150（3min）

凍後烤　糖油法

（材料 INGREDIENT）

無鹽發酵奶油 ……40g
糖粉 ……30g

無糖可可粉 ……2g
低筋麵粉 ……62g

蛋黃 ……7ml
蛋白 ……4ml
即溶咖啡粉 ……0.8g

（作法 METHODS）

[STEP 1]
以糖油拌合法製作麵團（作法參考p28），桿成0.3cm再放入冷凍。

[STEP 2]
大圓壓模、小圓作裝飾造型（a1、a2），用竹籤平坦面壓出四個點（b），然後放入烤箱烘烤。

a1

a2

b

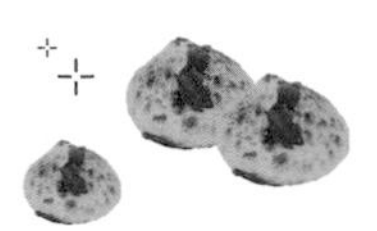

玫瑰馬林糖

| 花嘴：圓形花嘴 #357、12 齒星形花嘴 #32 |

80 / 80（120min）

材料 INGREDIENT

- 蛋白 ························70ml
- 糖粉 ························140g
- 乾燥玫瑰花瓣 ···········適量
- 蔓越莓粉 ··················適量

做法 METHODS

[STEP 1] 蛋白加入糖粉，隔水加熱，慢慢加熱至50度（a）。

[STEP 2] 打發至出現軟軟的小彎鉤（b1、b2）。

[STEP 3] 用花嘴擠出馬林糖（c1～c3）。

[STEP 4] 撒上乾燥玫瑰花瓣、蔓越莓粉後放入烤箱烘烤（d1、d2）。

[STEP 5] 烤至完全乾燥不黏手，放涼後裝入密封的容器保存防潮。

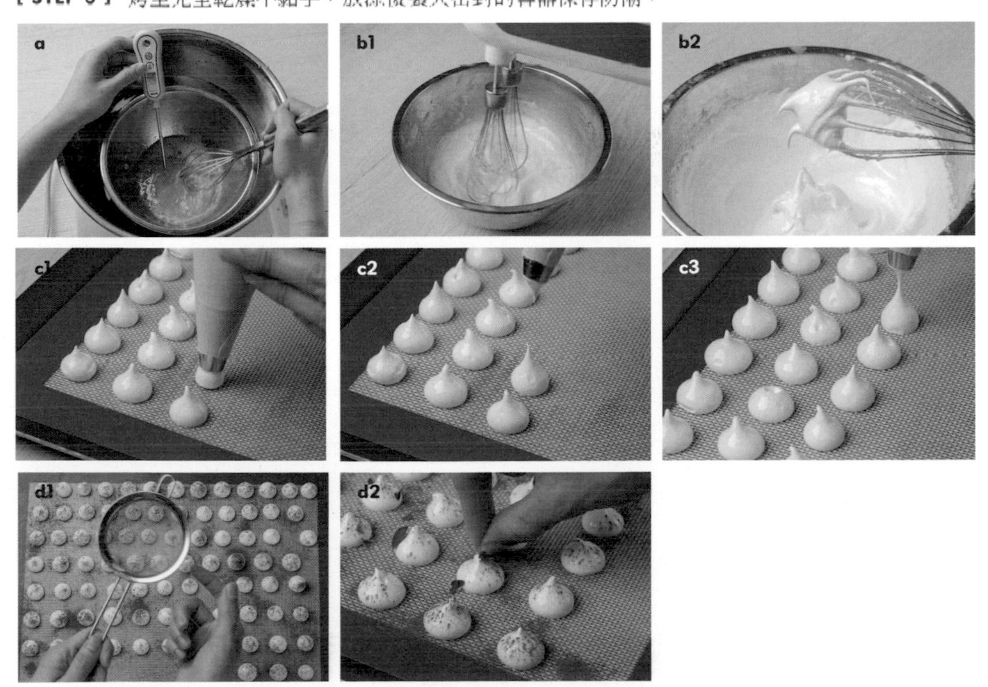

薰衣草香草酥
茉莉香草酥

| 厚度 1cm x 2.5cm x 7.5cm | 各 5 片 |

180/170（10min）→ 160/150（5min）→ 0/0（3min）

凍後烤　粉油法

材料 INGREDIENT

Ⓐ
- 低筋麵粉……90g
- 杏仁粉……24g
- 糖粉……40g
- 鹽……1g
- 無鹽發酵奶油……60g

全蛋……24ml

【薰衣草麵團】
- 牛奶……4ml
- 乾燥薰衣草……0.8g

【茉莉麵團】
- 牛奶……4ml
- 茉莉花茶粉……2.4g

兩用餅乾麵團作法 METHODS

[STEP 1] （粉油法用食物調理機作法）將材料Ⓐ倒入機器中，打成砂狀（**a1～a3**）。

[STEP 2] 接著加入全蛋，待蛋液完全被吸收後呈現小塊狀，均分成兩等分倒入鋼盆中，分別做成兩個不同的口味（**b1～b3**）。

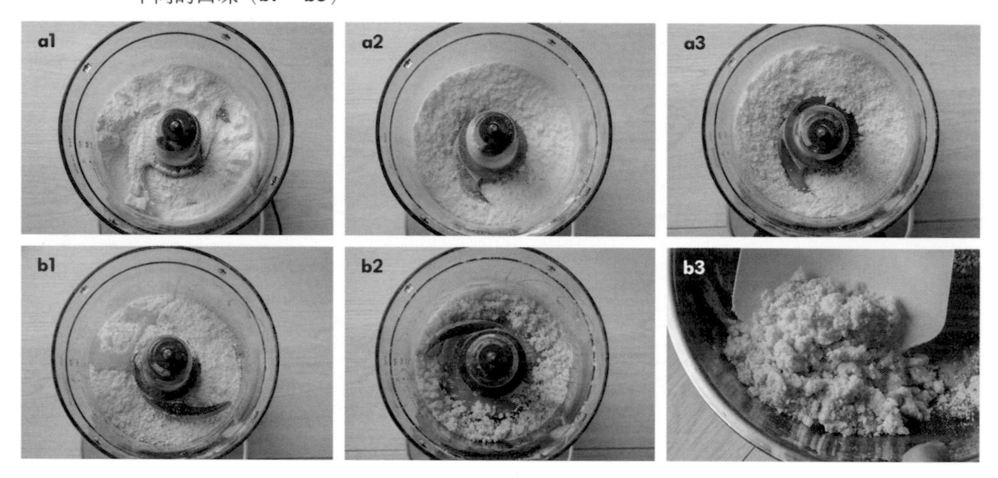

兩用餅乾麵團1

薰衣草

[STEP 1] 取出用量麵團後，加入牛奶拌至8分勻（**a**、**b**）。

[STEP 2] 加入薰衣草切拌到成團，桿成片狀，冷藏30min後冷凍到硬再切割、烘烤（**c**）。

兩用餅乾麵團 2

茉莉

[STEP 1] 取出用量麵團後，加入牛奶拌至8分勻（**a**、**b**）。

[STEP 2] 加入茉莉茶粉切拌到成團，桿成片狀，冷藏30min後冷凍到硬再切割、烘烤（**c**）。

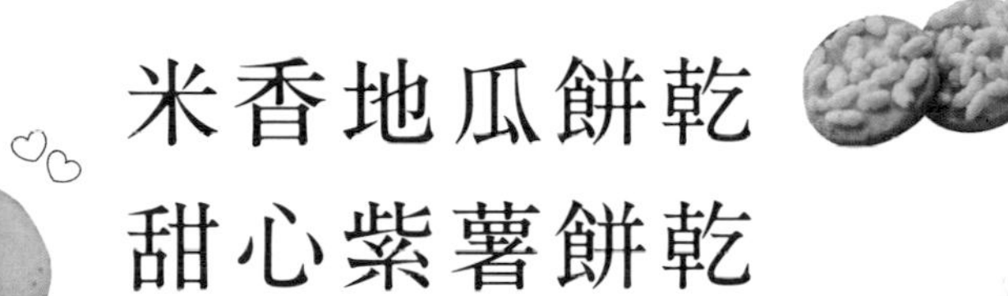

米香地瓜餅乾
甜心紫薯餅乾

| 厚度 1cm x 直徑 3cm | 各 9 片 |

170/160（12min）→ 160/150（5min）

凍後烤　糖油法

材料 INGREDIENT

- 無鹽發酵奶油 ⋯⋯ 62g
- 過篩熟地瓜泥 ⋯⋯ 53g

- 糖粉 ⋯⋯ 40g
- 全蛋 ⋯⋯ 13.5ml

- 鹽 ⋯⋯ 3.8g
- 杏仁粉 ⋯⋯ 7.5g
- 低筋麵粉 ⋯⋯ 87g

【裝飾】
- 細砂糖 ⋯⋯ 適量
- 紫薯粉 ⋯⋯ 適量
- 米香 ⋯⋯ 適量

—(作法 METHODS)—

[STEP 1]
糖油拌合法製作麵團（作法參考 p28），冷藏1hr後，塑成直徑3cm的圓條狀，再放入冷凍定型。

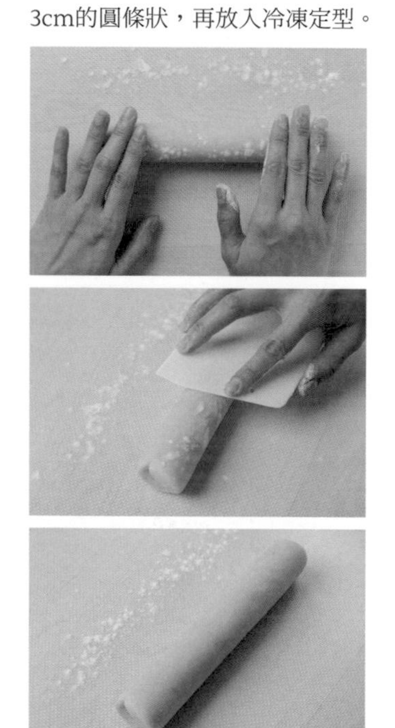

[STEP 2] 一條切兩半（**a**）。

[STEP 3] 紫薯：圓周刷上蛋白、滾上紫薯砂糖後切片，厚度1cm（**b1**、**b2**）。

a

b1

b2

[STEP 4] 米香：厚度1cm切片，表面塗上蛋白，黏上米香（**c1**～**c3**）。

[STEP 5] 兩個口味可以一起放進烤箱烘烤。

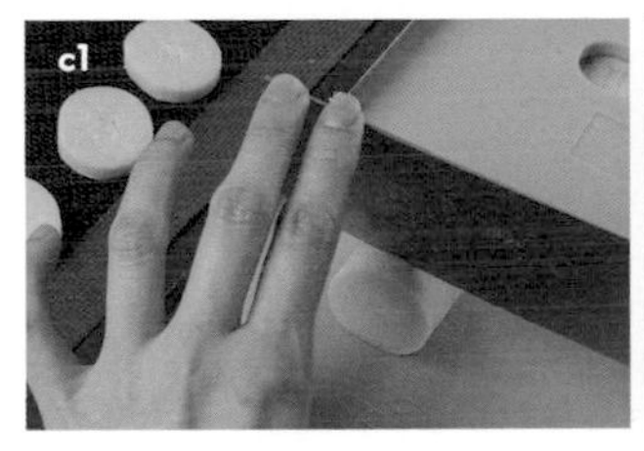
c1

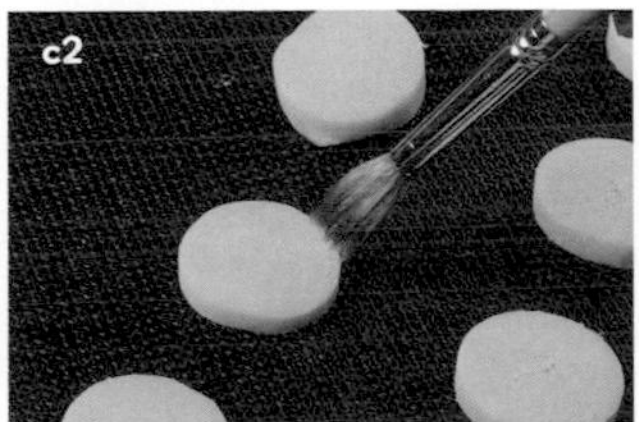
c2

c3

there is
no limit
to my
love
for you

情書糖霜餅乾

| 厚度 0.3cm x8cmx10cm | 8 片 |

170/160（12min）→ 160/150（5min）

凍後烤　糖油法

材料 INGREDIENT

【餅乾麵團】

無鹽發酵奶油 ············120g
糖粉 ····························80g
三花奶水 ····················27ml

鹽 ·····························適量
低筋麵粉 ···················189g
杏仁粉 ························22g

*作法同水滴小糖餅參考p64

[TIPS]
切割成8cmx10cm/1片，冷凍後烘烤，放涼後開始畫圖。

【糖霜】

蛋白霜粉 ·······················7g
糖粉 ····························75g
水 ·······························13ml

【裝飾】

翻糖 ···························適量

Wilton食用色膏

- golden Yellow
- black
- Kelly green

Ameri color食用色膏

- mauve
- 食用金粉、伏特加

—〔糖霜作法 METHODS〕—

[**STEP 1**] 將糖霜的所有材料加在一起（**a**）。

[**STEP 2**] 使用打蛋器攪拌均勻，並以小刮刀測試，拉起糖霜7～8秒內紋路不會消失不見，是用於填平色塊的最佳硬度（**b**）。

[**STEP 3**] 挖取適量白糖霜，以食用色膏一次調出所需顏色黃、黑、綠、粉色（**c**）。

a

b

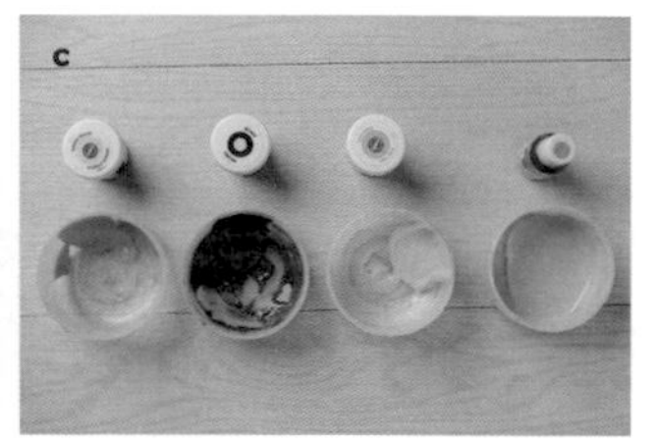
c

—〔翻糖蠟封作法 METHODS〕—

[**STEP 1**] 翻糖搓圓後壓扁（**a**），以模具壓出圓印製作出如封蠟造型（**b**）。

[**STEP 2**] 用白色糖霜於翻糖中繪出愛心，靜置待糖霜變乾（**c1**、**c2**）。

[**STEP 5**] 沾取少量食用金粉與伏特加調勻，刷上翻糖（**d1**、**d2**）。

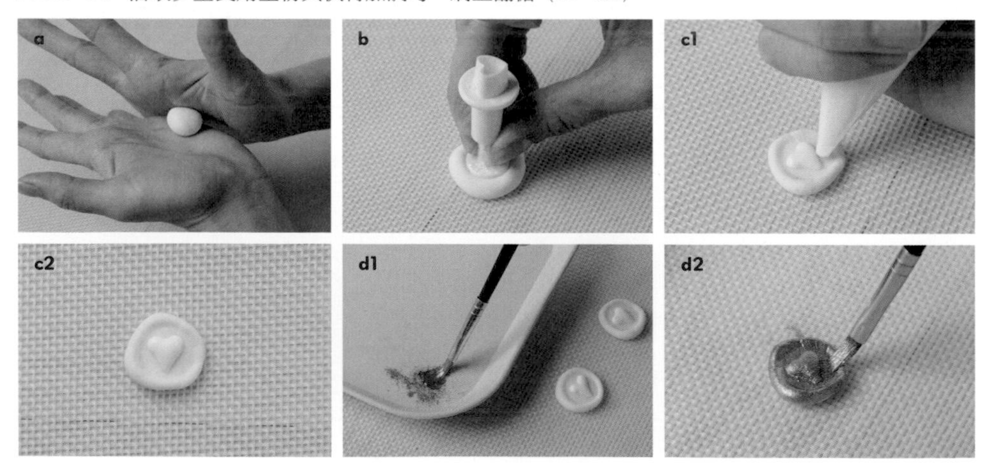

—〈繪製信封作法 METHODS〉—

[STEP 1] 以粉色糖霜勾勒出四邊線條（**a**），再把中間填滿（**b**）。

[STEP 2] 用牙籤戳破糖霜表面小氣泡（**c**），讓糖霜表面平滑，並靜置待糖霜變乾，約是手指摸了不沾黏狀態。

[STEP 3] 用黑色糖霜拉出細線（**d**）。

[STEP 4] 再用綠色糖霜繪出葉子的根莖（**e**），黃色糖霜點出小花花瓣設計（**f**）。

[STEP 5] 以少量糖霜當黏著劑，黏上蠟封翻糖（**g1**～**g3**）。

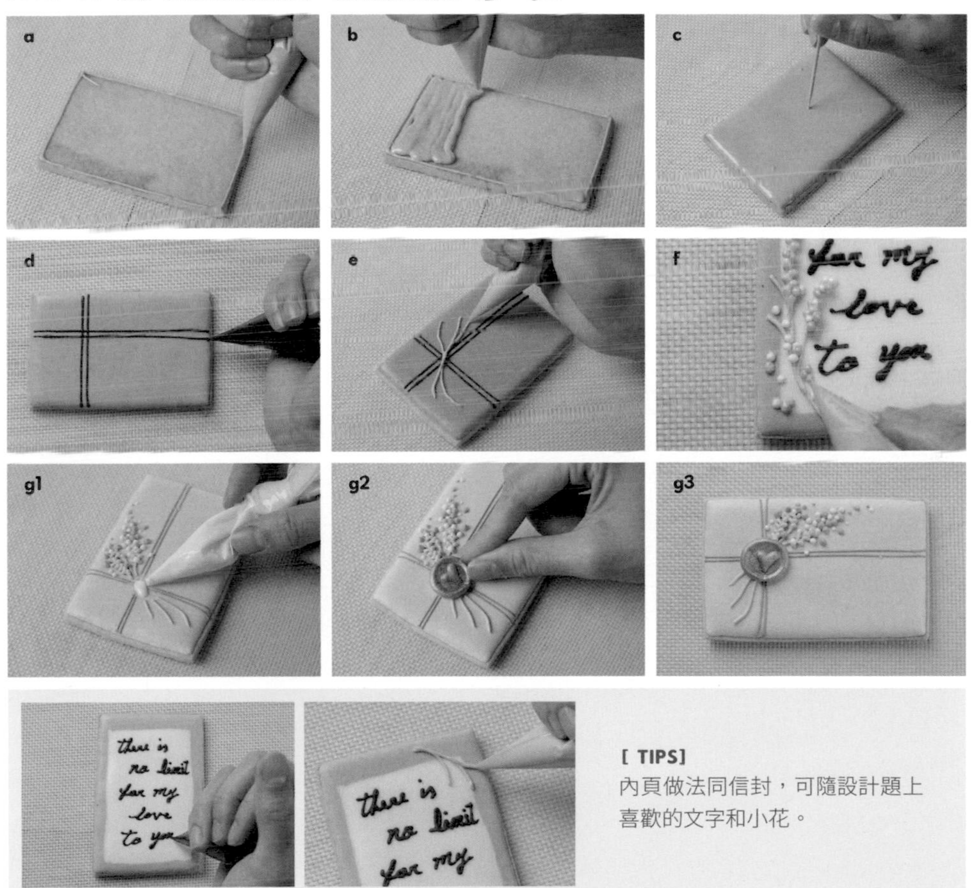

[TIPS]
內頁做法同信封，可隨設計題上喜歡的文字和小花。

CHAPTER

4

包裝保存 Package and Storage

密封乾燥爲保存餅乾的不二法門。裝盒以外，
簡單的包裝也能讓送禮更大方。

DESIGN
從0開始設計餅乾盒

有些人會先畫出餅乾盒的全貌，設計好一切細節，而我喜歡用味道想像畫面，從想吃的餅乾下手更容易啓發靈感，每個人適合的方法不一樣，可以從自己有興趣的方向發想。

一盒餅乾約有5～8種餅乾，先想出這盒餅乾的視覺擔當是誰，像小花園餅乾盒中的向日葵餅乾、水滴餅乾和蔓越莓花圈，再去找幾款綠葉搭配，得出初稿，再考慮色彩搭配，設計出畫面的亮點。

這本書以不同主題帶出各種餅乾，它們可能是我旅途中的一張照片、家裡的小貓、興趣、滑Instagram看到的新鮮事，這些日常生活中的小事都是創作的絕佳素材。

餅乾「擇盒」小技巧

◎盒子高度在6cm以下
餅乾高度即使是厚片也鮮少超過2cm，深盒子不僅難裝，更可能壓碎餅乾，常用高度4.5cm較剛好。

◎依照主題選擇材質
不用侷限於鐵盒，像書裡台灣主題就選擇復古的木片盒，鐵窗花餅乾盒因爲是分享式的大餅乾，就選了野餐風的藤編盒，這些細節都能強化主題。

◎依餅乾造型選擇
如果做了全部都是方形餅乾，或長條狀餅乾，那方形的盒子不論正方形或長方形，肯定比圓的好組合，所以依造型下手也是不錯的選擇。

餅乾「裝盒」小技巧

◎筷子調整餅乾細節
餅乾都放入後，總有些地方想喬一下，用筷子會比手來得更精準，不掉屑。

◎先定位視覺擔當
萬事起頭難，先決定視覺擔當的位置，下一步也會比較有想法。

◎一個餅乾多種擺法
同一個餅乾平放、立放、斜放都有不同的美，可以都試試，或者一部分平放，剩餘的立著也能營造兩種餅乾的視覺。

◎裝盒高度與鐵盒持平
如果要拍照好看，建議放入的餅乾高度與盒齊高，甚至有幾個餅乾高出盒子，畫面會更豐富。擺放餅乾時，不要不同造型交錯疊放，空間利用較差。

◎細碎、粉質餅乾最後放
會掉粉、細碎的像雪球、雪茄餅乾等，通常最後放，避免掉粉沾染、碎裂等問題。

◎最重要的小配角「塡空餅乾」
用來塡補餅乾之間的縫隙，像馬林糖、掛霜核桃。而像鐵窗花設計是全員正方形，就不需要塡空餅乾。

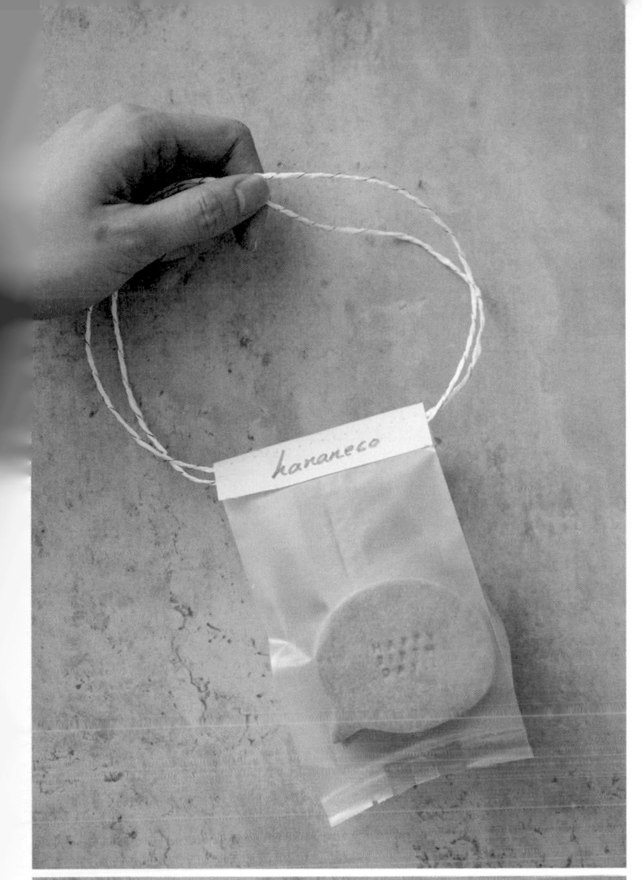

免盒裝
包裝小技巧
PACKAGE

簡單的餅乾小提袋

餅乾裝入透明包裝袋後，用喜歡的紙裁成符合包裝袋的長度，寬度約爲4～5cm，再選一條包裝繩繞兩圈黏在紙條內側，貼上雙面膠。將餅乾密封後，撕開雙面膠黏在封口處即完成。可在字條上留言、小插畫裝飾。

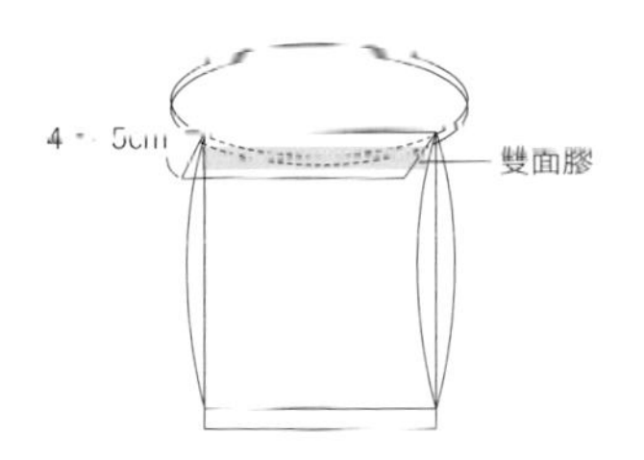

可愛的餅乾項鍊

準備透明包裝紙，寬度裁成餅乾的2倍寬，長度依照餅乾數量調整。將餅乾放在對齊上緣線的地方，下緣黏上雙面膠後往上折，黏住固定，再把每個餅乾兩端扭轉用膠帶封起固定，最後綁上緞帶，掩蓋膠帶的痕跡。

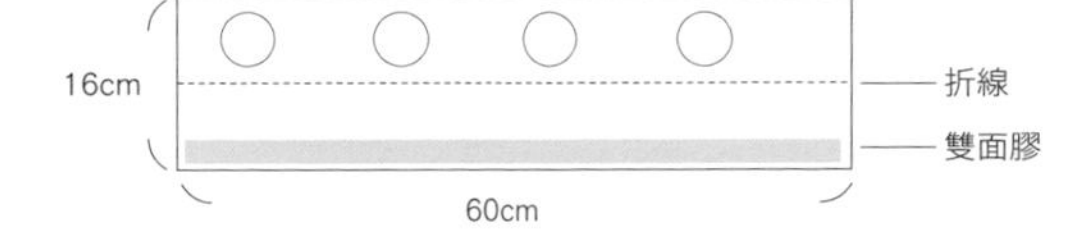

STORAGE
餅乾保存畫重點

餅乾算是甜點中好保存、保存期限也比較寬鬆，很適合當作送人小禮，宅配寄件也比蛋糕來得放心。

防潮最重要

即使鐵盒中有乾燥劑、外封膠帶，防潮效果還是差強人意，可移到密封保鮮盒＋乾燥劑，較能維持口感。

常溫保存7~10天

餅乾屬於常溫點心，在密封乾燥狀態下，放在陰涼處能保存10天沒問題。

注意冷藏類餅乾

含甘納許、奶油霜夾心的餅乾放冷藏保存會比較好，吃的時候也可比較一下冰冰的、回溫後口感的差異。

冷凍拉長保存期限

如果一時間吃不完太多餅乾，可以冷凍保存，讓保存期限拉長到一個月，要吃的時候烤一下就能享有剛出爐般的美味口感。

[TIPS]

烤箱預熱170度烤10～15min，用手指摸餅乾表面燙燙的就可以了，這個方法也能用於受潮不酥脆的餅乾。但不適用有巧克力、夾心餅乾的類型。

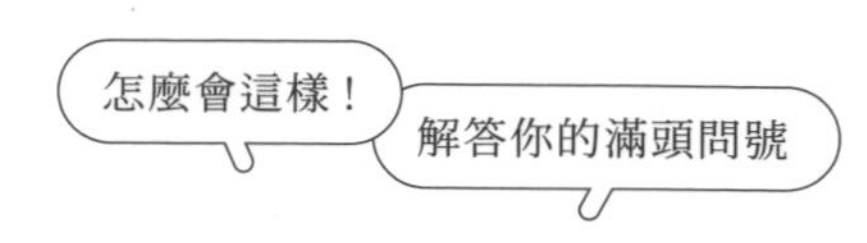

餅乾常見7個Q&A

Q 想吃不要太甜的餅乾，可以隨意減糖嗎？

用海藻糖降低甜度

代糖選擇很多，較常見的是海藻糖，可以取代原食譜糖量的10～15%。建議拿到任何食譜，都實際操作一遍再調整甜度，或有熟悉的食譜能比較甜度再調整也行，因爲也許食譜已減糖，若再減糖可能會使餅乾失敗率變高。

Q 原味想換成其他口味可以嗎？

麵團最終狀態必須和原麵團相同

只要換材料，就要考慮不同材料的吸水率，聽起來很複雜，但記住一個原則，讓麵團最終狀態和原來一樣，就不會出大錯。例如原味變巧克力，可可粉可加入麵團總重的5～10%，操作時的變動是，可可粉先下，再加入食譜中3/4粉量，拌勻後看一下麵團狀況，再繼續加到原本麵團一樣的軟硬度即可，用這樣的方式可以輕鬆提升成功率。

Q 爲什麼我的餅乾很容易變形？

以刮板代替手移動麵團

冷凍後，麵團還是很容易變形的主因通常是用手碰麵團，手溫讓麵團中的奶油軟化。操作過程中，要習慣用刮板代替手，壓模時若拿不起來，不要用手摳餅乾邊緣，應冷凍後再拿，都能讓麵團保型性更好。

Q 曲奇跟餅乾的差別？

音譯不同，曲奇 = 餅乾

很常遇到同學上完餅乾課，問我說能不能開曲奇課，其實曲奇是香港對餅乾的稱呼，所以曲奇跟餅乾就像同一個人有不同藝名的感覺吧。

Q 什麼是麵團出筋？

麵粉與水混和產生的彈性

「筋性」就像你吃麵包、饅頭、麵條的Q彈嚼勁，這種筋性一旦發生在餅乾身上，會讓餅乾口感變硬、甚至縮水，所以操作上都會註明避免過度攪拌以防出筋。

Q 好累喔，可以用機器做餅乾嗎？

可以，但量少刮刀反而更輕鬆

◎電動打蛋器
在操作過程中取代打蛋器，加入粉類時還是要換刮刀。

◎桌上型攪拌器
使用槳狀頭可製作糖油法麵團，但還是要用刮刀調整麵團。另外份量太少反而會拌不到。

◎食物調理機
可製作粉油法麵團，但還是要用刮刀調整麵團，且不要打太久，機器的熱能會使奶油融化。另外份量太少也會拌不勻。

Q 餅乾為何會出油、龜裂、凸凸的？

與溫控、濕度有關

◎出油
奶油融化，油份跑出麵團表面，操作時麵團變黏軟都可以先冷藏一下，穩定奶油溫度，不然融化的奶油會使餅乾口感變硬。

◎龜裂
製作時：麵團太乾燥，例如把等量麵粉換成可可粉就可能因吸水率導致麵團過乾龜裂，或者麵團都沒有用保鮮膜保濕，也可能乾燥龜裂。
烘烤時：火力太強。

◎凸凸的
麵團裡有空氣，就會造成表面小氣泡，製造的最後、或整理剩餘麵團時，可壓出多餘空氣，並冷藏鬆弛排氣。也有可能是下火太強、不勻導致，搭配洞洞烤墊烘烤能讓餅乾更平整。

花貓蛋糕實驗室創意造型餅乾盒
2021年9月1日初版第一刷發行
2022年11月1日初版第三刷發行

作　　者：花貓蛋糕實驗室 - 林勉妏・黃靖婷
編　　輯：王玉瑤
視覺設計：丸彼司有限公司 - 徐琬茹
攝　　影：陳詠力
發 行 人：若森稔雄
發 行 所：台灣東販股份有限公司
地址：台北市南京東路4段130號2F-1
電話：(02)2577-8878
傳真：(02)2577-8896
網址：http://www.tohan.com.tw
郵撥帳號：1405049-4
法律顧問：蕭雄淋律師
總 經 銷：聯合發行股份有限公司
電話：(02)2917-8022

著作權所有，禁止翻印轉載
Printed in Taiwan
本書如有缺頁或裝訂錯誤，請寄回更換（海外地區除外）。

花貓蛋糕實驗室創意造型餅乾盒/林勉妏, 黃靖婷作. -- 初版. --
臺北市：臺灣東販股份有限公司, 2021.08
176面：17×23公分
ISBN 978-626-304-713-6(平裝)

1. 點心食譜
427.16　　110009369

\homemade/

「花貓蛋糕實驗室」實體課程

NT100元折價卷

有效期間 即日起 → 2022.7.31

* 需於購買課程前出示內頁，每本限用乙次

體驗課蓋章處